Anders Parment

Die Generation Y – Mitarbeiter der Zukunft

Anders Parment

Die Generation Y – Mitarbeiter der Zukunft

Herausforderung und Erfolgsfaktor für das Personalmanagement

GABLER

Bibliografische Information der Deutschen Nationalbibliothek
Die Deutsche Nationalbibliothek verzeichnet diese Publikation in der
Deutschen Nationalbibliografie; detaillierte bibliografische Daten sind im Internet über
<http://dnb.d-nb.de> abrufbar.

1. Auflage 2009

Alle Rechte vorbehalten
© Gabler | GWV Fachverlage GmbH, Wiesbaden 2009

Lektorat: Stefanie A. Winter

Gabler ist Teil der Fachverlagsgruppe Springer Science+Business Media.
www.gabler.de

Umschlaggestaltung: KünkelLopka Medienentwicklung, Heidelberg
Satz: ITS Text und Satz Anne Fuchs, Bamberg
Druck und buchbinderische Verarbeitung: Ten Brink, Meppel
Gedruckt auf säurefreiem und chlorfrei gebleichtem Papier
Printed in the Netherlands

ISBN 978-3-8349-1590-0

Vorwort

Lange Jahre wurde den Besonderheiten der so genannten Generation Y – Menschen, die in den 80er Jahren geboren worden sind – weder vonseiten der Forschung noch seitens der Unternehmenspraxis im notwendigen Maß Rechnung getragen. Viele Unternehmen und andere Organisationen (z. B. Universitäten und Hochschulen, Fachverbände und Nichtregierungsorganisationen) haben sich – aufgrund der Erfahrungen aus ersten Kontakten mit ihr – über die Generation Y beschwert: Sie wird als anspruchsvoll, manchmal auch als impertinent und unverschämt betrachtet. Als Autor dieses Buches kann ich mich mit meinen Erfahrungen und wissenschaftlichen Befunden einer solchen Auffassung schwerlich anschließen.

Als Studiengangsleiter für Betriebswirtschaftslehre bin ich in den Jahren 2005 bis 2008 tagtäglich mit der Generation Y in Berührung gekommen. Irgendwie konnte ich diese neue Generation nicht richtig verstehen: Auf der einen Seite war sie ehrgeizig, aufstrebend, sozial und machte den Eindruck, das Leben zu genießen. Auf der anderen Seite war sie anspruchsvoll und hat fortwährend Wünsche nach Sonderlösungen und Dienstleistungen, die zusätzlichen Aufwand nach sich ziehen, vorgetragen. Dieses Phänomen bedurfte einer wissenschaftlichen Ergründung, eine Studie war erforderlich! Folglich bin ich bis auf den heutigen Tag, seit 2006, intensiv mit dem Thema *Generation Y* befasst.

Die Datensammlung der Studie begann in Dornbirn, Österreich, wo ich eine breite Palette von unterschiedlichen Leuten der Generation Y getroffen habe: Studenten, ehemalige Studenten und solche, die überhaupt nicht studiert hatten; Österreicher, Deutsche, Amerikaner, Franzosen und Spanier. In Linköping und Stockholm wurden weitere Interviews geführt. Die Fragebogen waren für Zielgruppen an den dortigen Universitäten entworfen worden.

In den Jahren 2006 und 2007 wurden insgesamt 35 Interviews mit Generation Y-Personen aus Deutschland, Österreich, Schweden, Belgien, Spanien, Mexiko, den USA und Indien geführt. Die Befragten hatten im Hauptfach recht unterschiedliche Richtungen studiert: BWL, VWL, Jura, Theologie oder Sozialwissenschaft; einige unter ihnen hatten auch überhaupt nicht studiert. Zwei Fragebogen wurden 2007 an Studenten versendet, von denen der erste hier als „Generation Y-Fragebogen" bezeichnet wird. Dieser Fragebogen wurde von 474 Student(inn)en beantwortet (Rücklaufquote 49,4 Prozent).

Im Spätsommer und Herbst 2008 wurden in drei Fokusgruppen mit insgesamt 20 Personen Diskussionsrunden mit dem Thema „Generation Y im Arbeitsleben" veranstaltet. Hier wurden die Beziehungen zum Arbeitsmarkt, zum Arbeitgeber etc. gründlich erörtert. Darauf folgte ein Fragebogen, der von 534 Student(inn)en beantwortet wurde – der hier so genannte „Employer-Branding-Fragebogen".

Erste Ergebnisse dieser Untersuchungen finden sich in dem Buch „Sustainable Employer Branding", das im April 2009 in englischer Sprache bei Liber/Copenhagen Business School Press erschienen ist. Das Buch behandelt das nachhaltige Employer Branding – ein Thema übrigens, das zunehmend an Bedeutung gewinnt.

Was in der nunmehr vorliegenden Publikation beschrieben wird, basiert auf allgemeinen Tendenzen, die nicht nur im deutschsprachigen Raum vorhanden sind. Selbstverständlich ist – wie das ja mehr oder weniger auf jedes Buch zutrifft – ein subjektiver Einfluss des Verfassers und seines nationalen, in diesem Fall schwedischen, Backgrounds sowie seiner Sicht des Wirtschaftslebens nicht zu bestreiten. Jemand anders würde dieses Buch natürlich nicht so geschrieben haben. Wenn der Leser jedoch zu einer veränderten Sicht sowie neuen Ideen gelangt, die die Qualität seines Unternehmens zu verbessern vermögen, dann wäre mein Anliegen erreicht. Nicht zuletzt aufgrund meiner Kenntnisse über die deutsche Wirtschaft – unter anderem war die Automobilindustrie Deutschlands Fallbeispiel meiner Dissertation – hoffe ich ungeachtet meiner schwedischen Herkunft, dass auch der deutsche Leser die Lektüre dieses Buches nützlich findet.

An dieser Stelle bin ich Herrn Professor Dr. habil. H. Strickert (Rostock) für seine wertvolle Hilfe als sorgfältiger Korrektor des deutschsprachigen Manuskripts sowie für manchen nützlichen Hinweis zur Textgestaltung zu außerordentlichem Dank verpflichtet.

Wenn Sie Fragen, Ideen oder Feedback haben – zögern Sie nicht, mit mir in Kontakt zu treten.

Stockholm, im Juni 2009   Anders Parment

Inhaltsverzeichnis

Einleitung

Neue Generation – neue Zeiten? Oder wird alles sein, wie es war? Die 80er-Generation tritt jetzt in die Konsum- und Arbeitsmärkte ein. Sie wird *Generation Y* genannt – „Generation Why", weil sie Verhältnisse und Vorstellungen, die bisher als selbstverständlich galten, in Frage stellt. Das vorliegende Buch führt in die soziale Welt, in die sozialpsychologische Befindlichkeit dieser neuen Generation ein und behandelt in sieben Kapiteln detailliert das Thema Generation Y im Arbeitsmarkt.

Im 1. Kapitel wird die Generation Y unter generellen Aspekten beschrieben: Was bedeutet der Begriff *Generation Y?* Was kennzeichnet diese Generation? Welche Veränderungen strebt die Generation Y an?

Kapitel 2 geht auf die vernetzte, informationsintensive, näher zusammengerückte und transparentere Welt ein, in der die Generation Y aufgewachsen ist. Es untersucht, wie die Veränderungen erweiterte Wahlmöglichkeiten, Individualismus und neue Informationsstrategien hervorbringen.

Das 3. Kapitel widmet sich Arbeit und Konsum, und zeigt, wie die neue, identitätsorientierte Gesellschaft entstanden ist. Hier geht es um Mechanismen des identitätsorientierten Marktes und darum, wie der Arbeitgeber mit immer anspruchsvolleren jungen Arbeitnehmern umgehen kann. Lebensstil, Kultur und Selbstverwirklichung haben mehr und mehr mit der Arbeit zu tun – eine Entwicklung, die in diesem Kapitel thematisiert wird.

In Kapitel 4 werden die Entwicklung des Arbeitsmarktes und die Wechselwirkung zwischen Arbeitgeber und Arbeitnehmern behandelt. Das Zusammenspiel und die Machtbalance zwischen Arbeitgeber und Arbeitnehmern werden thematisiert und analysiert.

Kapitel 5 untersucht die konkrete Arbeit im Unternehmen, um für Mitarbeiter – besonders junge Mitarbeiter – stärkere Attraktivität zu gewinnen. Anspruchsvolle und bewusste Mitarbeiter erfordern ein neu durchdachtes, an den Erfordernissen einer neuen Zeit orientiertes Personalmanagement.

Kapitel 6 behandelt die Positionierung von Unternehmen in der Wahrnehmung der Arbeitnehmer, die Bildung von Arbeitgebermarken und das in damit befassten Fachkreisen so genannte Employer Branding: Wie kann die Unternehmensidentität deutlicher verankert werden?

Das abschließende Kapitel 7 befasst sich mit dem Kommunizieren der Arbeitgebermarke. Nachdem das Unternehmen in der Wahrnehmung der Arbeitnehmer erfolgreich positioniert worden ist, sollte die entworfene Arbeitgebermarke wirksam und effizient an verschiedene Zielgruppen kommuniziert werden.

1. Eine neue Generation von Verbrauchern und Arbeitnehmern tritt auf

1.1 Die Generation Y

Eine große Herausforderung der heutigen Gesellschaft ist der Eintritt der 80er-Generation, der so genannten Generation Y, in das Erwerbsleben. Selten hat eine neue Generation so viele Auswirkungen auf Wirtschaft, Arbeitsleben und Talent-Management gehabt. Die Bedeutung einer durchdachten und lebendigen Strategie für Personalmanagement und Employer Branding steigt, die Schwierigkeiten, gute Talente zu finden, ebenfalls. Auch eine Konjunkturflaute, wie in den Jahren 2008 und 2009, kann diese Richtung der Entwicklung nicht langfristig ändern, wenn es vorübergehend auch einfacher sein könnte, talentierte Mitarbeiter zu finden.

Nicht nur Arbeitnehmer, die immer mehr in einem von intensiver Konkurrenz geprägten Umfeld operieren, haben ihrerseits hohe Forderungen an den Arbeitgeber; erhöhte Ansprüche gehen in beide Richtungen. Besonders junge Menschen – die Angehörigen der Generation Y, die in einer anderen Gesellschaft aufgewachsen sind – bringen hohe Erwartungen, Forderungen und Hoffnungen in den Arbeitsmarkt.

Wer ist der neue, junge Arbeitnehmer-Typ, der der Generation Y angehört?

Der Begriff „Generation Y" wurde erstmals im Jahre 1993 in einem Artikel in der Fachzeitschrift *Ad Age* verwendet. Er umfasst junge Menschen, die zwischen 1984 und 1994 geboren sind. Andere Quellen geben andere Zeitspannen an.[1] Genau wie für frühere Generationen, z. B. für die Generation X, gibt es für die Generation Y verschiedene Definitionen. Das vorliegende Buch versteht sich als Beitrag zu dieser Diskussion, und zwar ohne den Anspruch, eine endgültige Definition zu liefern – die wird es nämlich kaum geben.

„Generation X" wurde als ein eher negativer Begriff eingeführt: Viele meinten, die Generation X – Kinder der 60er und 70er Jahre – würde traditionelle Kernelemente wie Eltern, Familie und Arbeit, nicht mehr als Pflicht sehen. Traditionelle Institutionen (Ehe, Familie) wurden nicht mehr als unerlässlich gesehen, sondern als einer von vielen Wegen, das Leben zu führen. Die Generation X und ihre Eltern, die in den 30er und 40er Jahren geboren wurden, taten sich schwer, einander zu verstehen.

Trotz der Absichten und Pläne, nicht wie die Eltern zu leben, haben die Angehörigen der Generation X damals bald zu einem gleichmäßigen Lebensrhythmus gefunden. Sie haben die Chancen, die das Leben bietet, verpasst. Es hat ihnen einfach der Mut und die erforderliche Energie gefehlt. Nicht so im Fall der Generation Y. Jetzt, eine Generation später, sind viele Dinge anders, und die neue Generation verhält sich anders als frühere Generationen. Nicht jeder wird das verstehen, und einige werden die Qualitäten der Generation Y zu spät erkennen. Manche meinen, die Beschäftigung junger Mitarbeiter sollte vermieden werden, weil viele Jahre Erfahrung notwendig seien, um die Arbeit zufriedenstellend ausführen zu können. Andere wiederum meinen eher explizit, die Generation Y sei einfach zu egoistisch und erlebnishungrig, um in ein Unternehmen integriert werden zu können. Eine neue Generation auszuschließen, ist aber selten ein guter Weg, Konkurrenzfähigkeit für die Zukunft zu kreieren.

Zum Thema „Generation Y" sind mehrere Studien durchgeführt worden.[2] Diese Studien belegen wichtige Merkmale der Generation Y, z. B. die Fähigkeit, Informationen über das Internet zu gewinnen, neue Technologien ungezwungen zu nutzen, und den Wunsch, einen

1   Z. B. Sacks (2006) schlägt die Jahrgänge 1978 bis 2000 vor.
2   Vgl. Tulgan & Martin (2001); Lindgren et al (2005).

Unterschied zwischen der Umwelt und dem eigenen Leben zu machen. Durch die vielen Möglichkeiten, die das Leben anbietet, hat der Einzelne auch die Gelegenheit, über unterschiedliche Lebensausrichtungen nachzudenken. Junge Menschen werden durch die vielen Informationen und Perspektiven, die in der Gesellschaft erhältlich sind bzw. geboten werden, inspiriert, auf neue Weise die Zukunft zu planen.

Es gibt aber viele weitere Möglichkeiten, die neue Generation zu interpretieren und auch die Gesellschaft, in der sie aufgewachsen ist, näher zu betrachten. Viele Unternehmen, öffentliche Organisationen, Vereine, Kirchen und Forscher und Berater haben gefragt, was an dieser neuen Generation anders ist. Dass ihre Vertreter als Konsumenten anders sind, war schon bekannt, und es gibt recht viele Erkenntnisse über das, was die Mitglieder der Generation Y als Konsumenten kennzeichnet. Dass sie als Arbeitnehmer ebenfalls anders sind, ist allerdings, obwohl es dafür zahlreiche Indizien gibt, nicht wirklich tief recherchiert. Dieses Buch und die Studie, von der das Buch berichtet, sind ein Beitrag zu einem vertieften Verständnis dessen, was die neue Generation für die Wirtschaft, das Konsumverhalten und den Arbeitsmarkt bringen wird.

Dieses Buch basiert auf Erhebungen an Personen, die im Jahre 1980 oder später geboren sind. Wann die Generation Y von der nächsten Generation abgelöst wird, ist noch offen. Es wird wohl noch ein paar Jahren dauern, bis wiederum eine neue Generation in die Konsum- und Arbeitsmärkte eintreten wird. Unabhängig davon, wie sich die Entwicklung der Gesellschaft künftig gestaltet und was wissenschaftliche Studien darüber aussagen werden, sind das Hauptthema hier *Personen, die in den 80er Jahren geboren wurden.*

Selbstverständlich hat sich die Einstellung zum Leben, zur Arbeit und zum Konsum nicht ab dem Geburtstagsdatum 1. Januar 1980 auf einmal, plötzlich geändert. Es gibt viele Menschen, die Ende der 70er Jahre geboren wurden und eher zur Generation Y gezählt werden sollten als ihre fünf Jahre jüngeren Schwestern und Brüder. Und es kann durchaus sein, dass sich ein paar Personen, die schon in den 60er Jahren geboren wurden, wie die Generation Y verhalten. Das ist aber eher eine Ausnahme. Was uns in diesem Buch interessiert, sind das generelle Wesen und die Merkmale der 80er-Generation. Genau wie bei anderen Einstufungen und Dichotomien gibt es hier viele Ausnahmen, Grauzonen und Beispiele, die nicht mit dem jeweiligen Modell erklärt und interpretiert werden können. Wir brauchen Werkzeuge, Modelle und Theorien, um wichtige Tendenzen und Entwicklungen der Gesellschaft zu verstehen. So stehen wir jetzt vor der großen Veränderung, dass vieles, was vorher als Selbstverständlichkeit betrachtet wurde, von der Generation Y unter die Lupe genommen und einer Prüfung unterzogen wird: *Die Generation Y tritt in die Konsum- und Arbeitsmärkte ein.*

Die Generation Y ist sehr viele Wahlmöglichkeiten gewohnt. Die Sorgen, die frühere Generationen hatten, spielen für die Generation Y kaum eine Rolle.

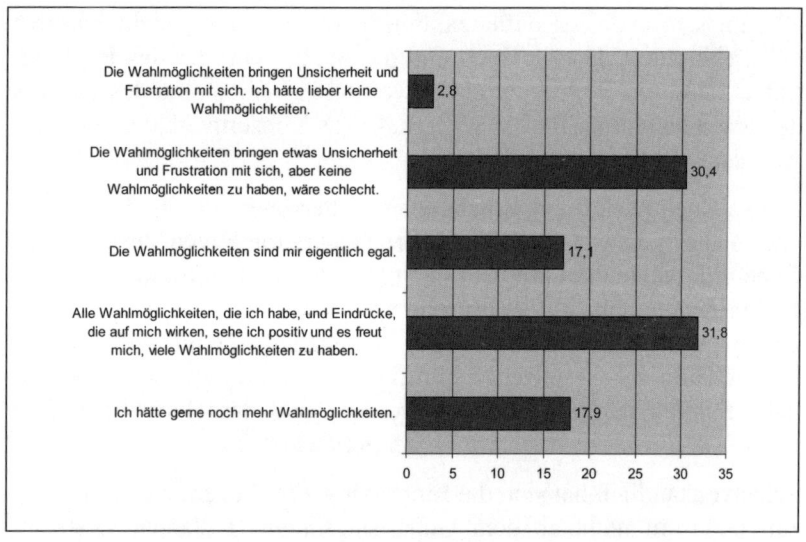

Abbildung 1.1: *Nur 2,8 Prozent der Generation Y meinen, ich mag Wahlmöglichkeiten nicht; man soll mir die „Qual der Wahl" ersparen. 17,9 Prozent wünschen sich sogar mehr Wahlmöglichkeiten, Angaben in Prozent. Quelle: Generation Y-Fragebogen.*

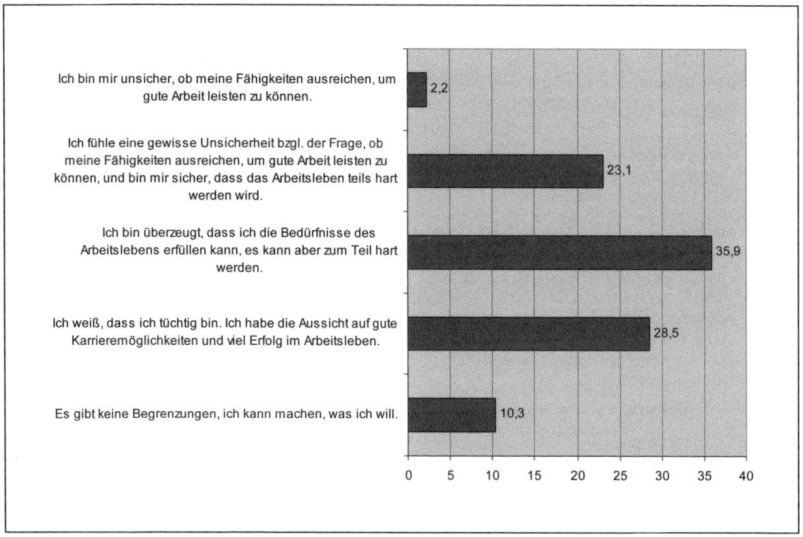

Abbildung 1.2: Nur 2,2 Prozent sorgen sich wirklich um die eigene Fähigkeit, gute Arbeit leisten zu können. 10,3 Prozent denken sogar, dass es keine Begrenzungen bezüglich ihrer Karriere-
chancen gibt, Angaben in Prozent. Quelle: Generation Y-
Fragebogen.

Die meisten Unternehmen konnten in der Vergangenheit ein gutes
Feedback nur einmal pro Jahr anbieten – die neue Generation hat ein
viel größeres Bedürfnis nach Feedback (Abb. 1.3).

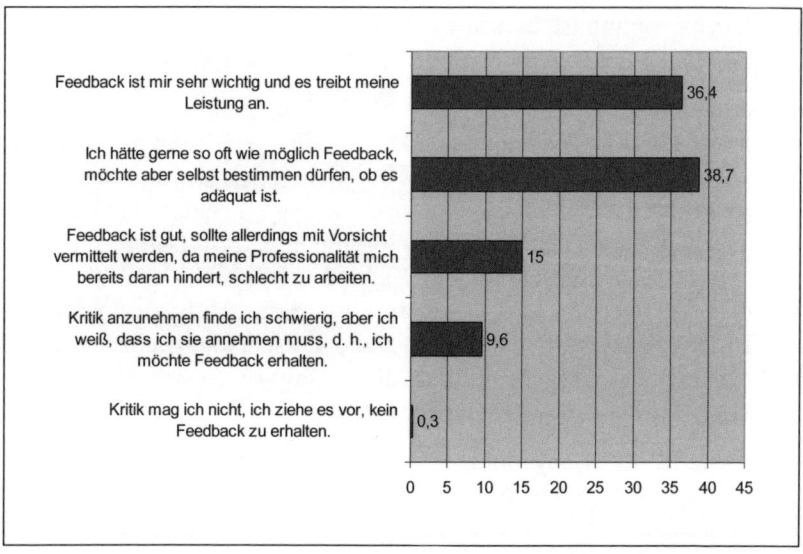

Abbildung 1.3: *Nur einer der 494 Befragten zieht es vor, kein Feedback zu bekommen, Angaben in Prozent. Quelle: Generation Y-Fragebogen*

1.2   Die 80er-Generation ist in einer anderen Gesellschaft aufgewachsen

Wie kommt es, dass die 80er-Generation anders ist und wie kann dies erklärt werden? Die 80er-Generation ist in einer Gesellschaft mit hoher Transparenz, ständiger Kommunikation, vielen Wahlmöglichkeiten und großem Individualismus aufgewachsen. Diese Entwicklung zeigt neue Karrierestrategien für die 80er-Generation. Um die Konkurrenzfähigkeit der Zukunft sicherzustellen, muss die 80er-Generation auf eine adäquate Weise angesprochen werden. Manche meinen, die 80er sind durch einen sehr hohen Lebensstandard, viele verschiedene Urlaubsmöglichkeiten, viele Freunde und viel Spaß verwöhnt. Dies führt zu ähnlichen Erwartungen bezüglich des Arbeitslebens. Somit ist es schwierig für den Arbeitgeber, die hohen Ansprüche der neuen Arbeitnehmergeneration zu erfüllen.

Es ist unstrittig, dass die Zahl der Wahlmöglichkeiten in den letzten Jahren erheblich angestiegen ist. Das gilt für viele Bereiche – beruflich wie auch im Privatleben. Die 80er-Generation wurde schon früh im Leben mit vielen Alternativen und Wahlmöglichkeiten verwöhnt. Wer in einer vernetzten Welt mit Kommunikation rund um die Uhr und mit fast uneingeschränktem Zugang zu virtuellen Welten und sozialen Netzwerken lebt, wird ein bisschen gelassener, was die Wahlstrategien betrifft. Es sind so viele Entscheidungen zu treffen, und man konzentriert sich auf jene, die wichtig sind.

Alle diese Wahlmöglichkeiten fördern den Individualismus – und im Gegensatz zu der „Baby-Boomer"-Generation[3] hat Kollektivismus die jungen Menschen von heute nie angesprochen.

1.3   Die Gesellschaft der Baby Boomer

Die Gesellschaft der Baby Boomer unterscheidet sich in vielerlei Hinsicht von der Generation-Y-Gesellschaft. Die 80er-Generation ist mit emotionalen Produkten und Dienstleistungen aufgewachsen. Für die Generation Y ist es im Gegensatz zu der Baby Boomer-Generation selbstverständlich, durch die Vermarktung von Produkten, Dienstleistungen und Erlebnissen emotional angesprochen zu werden.

In den 60er Jahren, in Zeiten des Wirtschaftswunders und der so genannten 68er-Generation, gab es eine positive Stimmung in der Gesellschaft: Sowohl die Wirtschaft wie die kulturelle Ebene erlebten eine Hochkonjunktur. Die Stimmung seitens der Kultur stammte aber aus der schnell und weit verbreiteten Zielsetzung, eine kollektive, auf

---

3   Es gibt viele Definitionen von Baby Boomer, und nachweislich begann der Baby Boom früher in den USA (eher direkt nach dem 2. Weltkrieg) als in Deutschland. Eine exakte Definition ist aber nicht nötig um die Baby Boomer mit Generation Y zu vergleichen.

gemeinsamer Wertgrundlage fußende Gesellschaft schaffen zu wollen. Die Zukunft sah man damals mit anderen Augen; die politische und wirtschaftliche Situation war eine andere, mit einer tendenziellen Linksorientierung und Märkten, die eher vom Warenmangel als vom Warenüberfluss wie heute gekennzeichnet waren. Heutzutage ist der Individualismus viel stärker, auf Kosten des Kollektivismus, der seinerseits vor vier Jahrzehnten deutlich stärker war.

Baby Boomer sind in der Nachkriegszeit aufgewachsen. Zu dieser Zeit gab es keinen solchen Warenüberfluss wie heute, und die meisten Konsumgüterbranchen waren eher von Warenknappheit gekennzeichnet. Für die Baby-Boomer-Generation gehörte es zum Alltag, auf ihr Hab und Gut zu achten. Daher findet das Handeln junger Menschen, die lieber neue Produkte kaufen als vorsichtig mit dem Geld umgehen, nicht immer Zustimmung.

Das Wirtschaftswunder der späten 50er und frühen 60er Jahre führte zu verbesserten wirtschaftlichen Voraussetzungen. Der Großteil der Verbesserungen war aber beim Kauf von Investitionsgütern, wie Häusern und Wohnungen, Möbeln und der Ausbildung für die Kinder, zu beobachten. Reisen werden von dieser Generation eher als eine Investition betrachtet: Man lernt andere Kulturen, andere Menschen und andere Lebensweisen kennen. Emotionen gelten bei dieser Generation als „für meine Kaufentscheidungen nicht wichtig". Das Kaufverhalten ist durch viel Sachlichkeit und wenig Emotionen gekennzeichnet. Obendrein meinen die Baby Boomer, dass sie Kaufentscheidungen selber treffen, ohne oder mit nur geringem Einfluss seitens der Marktkommunikation der Firmen. In dieser Hinsicht unterscheiden sich die Generationen Y und Baby Boomer wesentlich voneinander – nicht so sehr im tatsächlichen Konsumverhalten, vielmehr im Selbstbild. Ein 58-jähriger Mann ist aus wirtschaftlichen Gründen – niedriger Kraftstoffverbrauch und lange Inspektionsintervalle – motiviert, einen neuen BMW 530d zu kaufen, ohne die Kosten für Ausstattungen wie Panoramadach, Head-up Display und Lederpolster, deren Wertverlust insgesamt viel größer ist als die Kosteneinsparung durch den Dieselmotor-Antrieb, zu berücksichtigen.

Für Baby Boomer ist Funktionalismus wichtiger als Ästhetik und Emotionen, so wird argumentiert, und das ist nicht nur beim Konsum zu beobachten, sondern auch im Arbeitsleben. Baby Boomer sehen Arbeit als Pflicht.

Der Kollektivismus der Baby-Boomer-Generation hängt auch mit einer starken Betonung der Vernunft zusammen. Diese Generation ist von einer Vernunftkultur gekennzeichnet und legt weniger Wert auf Emotionen im Konsumverhalten und auf die Beurteilung verschiedener Arbeitgeber. Die Generation Y legt dagegen viel Wert auf Emotionen. Sie argumentiert auch anders als die Baby Boomer: „Ich kaufe das Auto, weil es schick aussieht und mein persönliches Image das erfordert" oder „Da will ich nicht arbeiten, ein Industriegebiet gefällt mir nicht so – nur ein Restaurant und kein schönes Umfeld" sind Argumente der Generation Y, wohingegen frühere Generationen gerne Argumente mit einer Vernunftbetonung vortragen: „Ich kaufe das Auto, weil der Wiederverkaufswert hoch ist und die Inspektionskosten in Ordnung gehen" oder „Da arbeite ich gerne; es ist einfach, einen Parkplatz zu finden, und das Restaurant bietet ja täglich zwei Gerichte an". Die Generation Y will gerne die Mittagspause nutzen, um soziale Kontakte zu pflegen – und dann ist die Stadtmitte natürlich besser als ein Industriegebiet –, wohingegen ältere Arbeitnehmer lieber mit Kollegen zusammen Mittagspause machen. Erstens findet sich ein größerer Teil des sozialen Netzwerks am Arbeitsplatz, und zweitens sieht man die Mittagspause anders, eher als Pause mit Kollegen denn als eine Gelegenheit, Leute außerhalb der Firma zu treffen.

Auch ältere Menschen legen Wert auf Emotionen, nutzen aber lieber Vernunftargumente, weil sie besser in das kollektive Lebensverhalten passen, das sie gewohnt sind. Emotional motiviertes Handeln heißt, ich mache etwas Gutes für mich selber; rational motiviertes Handeln heißt, ich mache etwas Gutes für meine Familie und die Gesellschaft. Anfang des 20. Jahrhunderts war es kaum akzeptabel, Emotionen Raum zu geben: Arbeit galt als Pflicht, um die Versorgung der Familie sicherstellen zu können. Nur reiche und unachtsame Menschen haben Geld an „Entbehrlichkeiten" verschwendet, die meisten mussten die Familie versorgen. Und zu dieser Zeit galt auch die Aufnahme eines Kredites nicht als Selbstverständlichkeit, es hat beim Kreditnehmer eher Schamgefühl hervorgerufen. In den letzten Jahrzehnten haben sich diese Verhältnisse geändert, und heutzutage gelten Verschuldung, Emotionen und „Entbehrlichkeiten" als selbstverständliche Bestandteile eines normalen Lebens. Dass die Generation Y größere Akzeptanz für Verschuldungen und ein Kaufverhalten, das nicht gerade das langfristige Arbeiten für Schuldenfreiheit fördert, zeigt, hat mit dem Zeitgeist zu tun: Ein Konsumdenken, wie es die 90er Jahre prägte, schafft eben andere Werte und ein anderes Verhalten als die Gesellschaft der 50er und 60er Jahren.

Die Entwicklung vom vernunftbetonten Verhalten zum emotionsbasierten Verhalten – das betonend, was Spaß macht – geht langsam vonstatten und erfasst zunehmend auch ältere Personen. Die emotionalen Werte sind aber ein Teil des Lebensstils jüngerer Menschen und werden somit ungezwungen ins Werte-Inventar, in Verhalten und Entscheidungen integriert.

Trotz der Unterschiede zwischen den beiden Generationen steht fest: Die Baby Boomer haben erheblich zur Veränderung der Gesellschaft beigetragen. Sie sind in vielen Fällen Eltern der 80er-Kinder und haben ihnen besagten hohen Lebensstandard ermöglicht.

Interessant ist, dass viele Ältere die Jungen als „egozentrisch" sehen.[4] Kann es sein, dass die von Älteren wahrgenommene Selbstzentrierung der Jungen sich wenigstens teilweise von den unterschiedlichen sprachlichen Ausdrücken herleitet? Das scheint eine mögliche Erklärung zu sein. Baby Boomer sind in einer kollektivistischen Gesellschaft aufgewachsen und haben folglich eine Sprache entwickelt, die eher an kollektivistischen Begriffen und Ausdrücken orientiert ist. So hat man sich daran gewöhnt, auf diese Weise zu sprechen, und jeder, der sich in das soziale Umfeld einzupassen bestrebt war, hat eher unreflektiert die kollektivistische Sprache übernommen. Auf der anderen Seite sind da die Jungen, die in einer eher individualistisch orientierten Gesellschaft aufgewachsen sind. Wenige Menschen reflektieren über die eigene Sprache in Bezug auf die Dimension *kol-*

---

lektivistisch-individualistisch. Dies scheint jedoch eine sehr interessante Erklärung für Generationskonflikte und Spannungen zwischen Älteren und Jungen im Arbeitsleben zu sein.

1.4   Der Generationswechsel steht vor der Tür

Viele Unternehmen und andere Organisationen sind von der Baby-Boomer-Generation stark geprägt. In den kommenden Jahren werden die Baby Boomer aber in den Ruhestand treten. Diese Veränderung ist eine große Chance für die Generation Y, eine gute Stellung im Arbeitsmarkt zu erwerben. Zunächst müssen beide Generationen allerdings zusammenwirken, Kenntnisse und Erfahrungen müssen übertragen werden, die Entwicklung von Bestimmungen, Methoden und Strategien muss überdacht werden.

Die Baby Boomer wollen weniger verändern, die Generation Y will die Strategien der Zukunft neu definieren.

Wer proaktiv ist, erstellt zur rechten Zeit eine *Generationsanalyse*, bei der wichtige Unterschiede zwischen den Generationen sowie die Frage, woher derzeitige Arbeitsmethoden, Kundenprozesse etc. kommen, analysiert werden. Es kann sein, dass die Methoden veraltet sind, dennoch weiterhin benutzt werden, vorwiegend weil das Unternehmen unter *Baby-Boomer-Dominanz* leidet. Jede wichtige Methode muss unter Berücksichtigung der Erfahrungen der Baby Boomer überdacht werden. Allgemein gilt, dass die Mitarbeiter Erfahrung umso mehr schätzen, je älter sie sind. Das spiegelt aber die eigenen Wünsche wider, und ältere Mitarbeiter neigen dazu, Erfahrung zu überschätzen. Für junge Mitarbeiter wiederum gilt umgekehrt: Sie unterschätzen Erfahrung. Besonders aufmerksam sollte man bezüglich der *Vermischung zwischen Erfahrung und Nostalgie* sein: Manche ältere Personen neigen dazu, über Erfahrung zu sprechen, obwohl es wenig sinnvoll ist. Nostalgie bedeutet ja eher: Man verlangt nach den guten alten Tagen, als das Leben schön war, die Margen hoch, und die Kunden nicht so impertinent fordernd. Das Problem ist aber, dass diese Tage nicht wiederkommen: Die Welt, die Wirtschaft und das Verhalten von Konsumenten haben sich geändert und werden kaum wieder so werden, wie sie einst waren.

1.5   Die Generation Y im Arbeitsmarkt

Es gibt zahlreiche Indizien dafür, dass sich die 80er-Generation als Arbeitnehmer anders verhält als vorige Generationen. Unternehmen in verschiedenen Branchen fragen sich, was mit dieser neuen Generation los ist. Sie gilt bei manchen Unternehmen sogar als impertinent. Diese Auffassung muss allerdings in Frage gestellt werden.

Die Anforderungen der Arbeitnehmer steigen ebenso wie die der Arbeitgeber. Arbeitnehmer der Generation Y legen mehr Wert auf emotionale Aspekte des Arbeitgeberangebots als vorherige Generationen. Jeder Arbeitgeber muss akzeptieren, dass der 80er-Generation in naher Zukunft eine große Bedeutung zukommen wird. Die Unternehmenskultur und das Image der Arbeitgebermarke werden daher immer mehr als Erfolgsfaktor für den Arbeitsmarkt gelten.

Eine Strategie, sich der Generation Y zuzuwenden, ist allerdings nicht ganz einfach umzusetzen. Viele Hindernisse können die Realisierung verzögern oder gar unmöglich machen. Der Generationswechsel ist in vielen Fällen eine große Herausforderung. Die Zeit werden wir ebenso wenig wie die alten Lateiner aufhalten können. Alle Veränderungen haben jedoch zwei Seiten. Ein Problem ist dabei, dass neue Strategien und verbesserte, konkurrenzfähige Produkte benötigt werden. Veränderungen haben jedoch auch Vorteile, die nur rechtzeitig erkannt und angenommen werden müssen.

1.6 Neue Karrierestrategien seitens der Arbeitnehmer

> *„Talented people need organizations less*
> *than organizations need people. "*
>
> [Daniel Pink: *Free Agent Nation:*
> *The Future of Working for Yourself*, Warner Books 2002]

Im Studium lernen angehende Absolventen, dass sie in den ersten zehn Jahren nach Abschluss mehrere Arbeitgeber mit verschiedenen Jobs durchlaufen sollten. Andernfalls könnten sie vom Arbeitsmarkt als unflexibel oder unbeweglich betrachtet werden, wodurch sich die Karrieremöglichkeiten eher verschlechtern. Gleiches gilt für Young Professionals, die gerne den Job wechseln. Diejenigen 80er, die schon im Arbeitsleben stehen, vertreten alle folgenden Standpunkt: „Zur Loyalität gegenüber dem Arbeitgeber bin ich nicht verpflichtet. Ich versuche aber, einen guten Job zu leisten. Schließlich geht es darum, Erfahrungen zu sammeln und einen guten Lebenslauf abzusichern."

Woher kommt diese Ansicht, immer öfter einen neuen Job suchen zu müssen? Die *fehlende Loyalität* ist eine Konsequenz der zahlreichen Wahlmöglichkeiten und der Verwöhntheit, die von den Überkapazitäten innerhalb mehrerer Konsumentgüterbranchen herrührt: Es stehen fast immer mehr Waren zum Verkauf, als Kaufkraft vorhanden ist. Die *schnellere gesellschaftliche Entwicklung* zwingt die Absolventen, viele und breit angesiedelte Erfahrungen zu machen. Young Professionals wollen eine Art *Arbeitswechselfähigkeit* erwerben.

Klar ist, dass die 80er-Generation gute Möglichkeiten als Arbeitnehmer hat. Voraussetzung für die Hebung dieses Potenzials der neuen Arbeitnehmergeneration ist allerdings, dass sowohl die Arbeitgeber wie auch die Arbeitnehmer mit den neuen Voraussetzungen umgehen können.

Immer weniger junge Menschen wollen lebenslang bei einer einzigen Organisation arbeiten. Diese Entwicklung ist für Partnergesellschaften, zum Beispiel Rechtsanwälte und Prüfungsgesellschaften, sehr problematisch. 88 Prozent der 80er-Generation zögern, sich für ein Engagement bei einer Partnergesellschaft zu entscheiden[5], während Partnergesellschaften für ältere Generationen eher als sehr attraktive Arbeitsplätze galten[6]. Diese Entwicklung spiegelt die Lebenserwartungen der Generation Y wider: Sie will gerne in verschiedenen Ländern, Branchen und Firmen arbeiten, und hat so ein eher konsumorientiertes Verhältnis zur Arbeit. Es geht ihr darum, die Jahre, Wochen, Tage und Stunden der Arbeit mit Erlebnissen zu füllen – auf diese Weise kann man das meiste von dem, was das Leben bietet, genießen.

1.7   Wie kommt die Haltung der Generation Y im Alltag zum Ausdruck?

Nachdem die Wesensart der 80er-Generation beschrieben ist, folgen nun ein paar Zitate, die die typische Denkweise dieser Generation verdeutlichen:

> *„Wir sehen die Arbeit anders,*
> *wir haben viele Forderungen an den Arbeitgeber,*
> *wir wollen eine gute Karriere, wir sind sehr engagiert und motiviert,*
> *wir sind gut und leisten eine gute Arbeit,*
> *die älteren Kollegen denken vielleicht ‚warum bin ich nicht wie sie,*
> *ich habe viele Möglichkeiten verpasst',*
> *sie sind ein bisschen eifersüchtig. "*

[Studentin der Betriebswirtschaftslehre, geb. 1983]

---

5   Siehe Kapitel 4 und Parment (2008a).
6   Vergleichbare Werte für frühere Generationen sind nicht vorhanden.

Für diese junge Frau ist *die Balance zwischen Arbeitnehmer und Arbeitgeber* wichtig: Sie fragt sich, warum der talentierte und engagierte Arbeitnehmer nicht gleich viel vom Arbeitgeber fordern sollte, wie der Arbeitgeber vom Arbeitnehmer erwartet. Um diese Person zu verstehen, muss man auch den abnehmenden Einfluss von Autoritäten bedenken. Ältere Mitarbeiter haben nicht mehr von vornherein Autorität, sondern sie müssen sich Autorität erst erwerben.

> *„Der Arbeitgeber muss Loyalität verdienen,*
> *und das kann man nur,*
> *wenn man ein guter Arbeitgeber ist,*
> *zu glauben, dass die Ziele des Unternehmens meine Ziele sind,*
> *ist falsch – da täuscht man sich selbst. "*

[Studentin der Fachrichtung Internationale Beziehungen, geb. 1983]

Diese Aussage repräsentiert einen typischen Gedankengang der 80er-Generation: *Zielkongruenz,* also eine koordinierte Ausrichtung der Ziele zwischen Arbeitgeber und Arbeitnehmer, kann kaum vorhanden sein, weil es selbstverständlich ist, dass die Ziele sich unterscheiden. Der Arbeitnehmer will viel Geld erhalten, gute Erfahrungen sammeln und Spaß haben. Der Arbeitgeber will wenig Lohn bezahlen und verlangt trotzdem Loyalität, harte Arbeit und gute Leistungen vom Mitarbeiter.

> *„Wenn meine Chefin mich fragt, wie es geht, sage ich immer ‚ja, gut',*
> *weil ich weiß, dass sie meine Aufgaben nicht übernehmen kann.*
> *Sie schläft wahrscheinlich besser, wenn ich ‚ja' sage, sie hat meine*
> *Ausbildung nicht und es fehlt ihr die adäquate Kompetenz. "*

[Mann, Dipl-Ing., im Arbeitsmarkt, geb. 1980]

Hier geht es, abgesehen von der veränderten Einstellung zu Autoritäten, um neue Wege, Arbeitsaufgaben auszuführen. Kompetenz und Wissen werden auch außerhalb des Unternehmens gesucht: im Internet, im Web-Portal Facebook, im Alumni-Verein oder beim Afterwork. Die Generation Y ist loyal gegenüber sozialen Netzwerken und Alumni-Vereinen, nicht nur gegenüber dem eigenen Unternehmen.

Höchstwahrscheinlich wird ein Großteil der sozialen Netzwerke die Jahre überdauern, während die Arbeitgeber gewechselt werden – einmal, zweimal oder mehrere Male.

Hier können zwei Positionen eingenommen werden. Auf der einen Seite wird der Kompetenzbereich des Unternehmens ohne zusätzliche Kosten erweitert. Auf der anderen Seite hat das Unternehmen ein erhöhtes Risiko, Kundeninformationen und Informationen über geschäftliche Angelegenheiten an der falschen Addresse zu platzieren. Dies ist vielen nicht bewusst, könnte aber zur Folge haben, dass geschäftliche Informationen aus dem Unternehmen nach außen durchsickern. Der Freund, den man als Arbeitnehmer fragt, mag für einen Konkurrenten arbeiten oder anderweitige Interessen an unternehmensinternen Informationen haben.

Ein Weg, die Attraktivität des Arbeitgebers für die Generation Y zu erhöhen, ist, eine langfristige und systematische Strategie für die Arbeitgebermarke auszuarbeiten. Diese Maßnahmen sind unter den Begriff „Employer Branding" bekannt. Die letzten zwei Kapitel des Buches beschreiben, wie eine Employer-Branding-Strategie, die bei der Generation Y Zustimmung finden könnte, erstellt werden kann.

1.8   Abnehmende Loyalität fördert die Bindung zwischen Arbeitsplatz und sozialen Netzwerken der Mitarbeiter

Die abnehmende Loyalität hat eine Reihe von Folgen, die Arbeitgeber in Betracht ziehen müssen.

1. *Sie schafft Mobilität* ..., woraus erhöhte Personalfluktuation resultiert.

2. *... und Mobilität schafft Mobilität.* Wenn ein Mitarbeiter die Arbeit ablehnt, muss die Person normalerweise ersetzt werden, und die geeignete Ersatzperson befindet sich beim Konkurrenten, der, nachdem der abgeworbene Mitarbeiter gegangen ist, nun seinerseits einen neuen Mitarbeiter sucht.

3. Je öfter die Mitarbeiter den Job wechseln, desto weniger sind ihre sozialen Netzwerke mit dem Arbeitsplatz verknüpft. Arbeitnehmer aus der Generation Y planen, relativ häufig den Job zu wechseln. Das impliziert, dass diese Mitarbeiter relativ viel Wert auf soziale Netzwerke außerhalb des Arbeitsplatzes legen.

Checkliste

- ☑ Welche Altersgruppen prägen die Arbeit in Ihrem Unternehmen am stärksten?
- ☑ Können Sie aus eigenen Erfahrungen einige Merkmale der jeweiligen Generation nennen bzw. beschreiben?
- ☑ Gibt es positive bzw. negative Bilder von bestimmten Generationen bzw. Altersgruppen von Mitarbeitern?
- ☑ Welche Rolle spielt die Einbeziehung der Generation Y für die Wettbewerbsfähigkeit des Unternehmens?
- ☑ Haben Sie dabei, wie die Arbeit ausgeführt wird, Unterschiede zwischen den Generationen festgestellt? Gibt es einen Plan, diese Unterschiede als eine Möglichkeit der Erhöhung der Wettbewerbsfähigkeit zu nutzen?
- ☑ Erkennen Führungskräfte des Unternehmens an, dass man in der heutigen Gesellschaft anders aufwächst als früher? (Die Einstellung zu Wahlmöglichkeiten könnte eine Veränderung der diesbezüglichen Ansichten klarmachen.)
- ☑ Wie oft bekommen Angestellte Feedback? Ist Feedback auf die eine oder andere Art zu jeder Zeit erhältlich, oder muss es gefordert werden?
- ☑ Haben Sie in persona zur Entwicklung der Generation-Y-Gesellschaft beigetragen? Wie?
- ☑ Wie unterscheidet sich die Gesellschaft, in der die Generation Y aufgewachsen ist, von der Gesellschaft, in der die Baby Boomer aufgewachsen sind?
- ☑ Wie werden Funktionalismus bzw. Ästhetik in der Ausführung von Arbeitsaufgaben belohnt?
- ☑ Leidet das Unternehmen unter Baby-Boomer-Dominanz oder anderen Asymmetrien der Arbeitskräfte-Verteilung (z. B. ein hoher Anteil sehr junger und unerfahrener Mitarbeiter, ein hoher Anteil von 63-Jährigen oder ein hoher Anteil von Frauen/Männern)?

Handlungsempfehlungen

Von der neuen Generation lernen: Wie leben junge Menschen und wie könnte die Arbeit bzw. die Kundenorientierung organisiert werden, um die jungen Kunden bzw. Abnehmer besser, effizienter und profitabler bedienen zu können? Je mehr Freiheit und Möglichkeiten für junge Mitarbeiter, desto größer die Wahrscheinlichkeit, dass neue effiziente Lösungen vorgeschlagen werden.

Feedback anders sehen: Es muss nicht immer bis ins Letzte durchdacht sein, weil die neue Generation schon mit intensivem und spontanem Feedback vertraut ist.

Eine Generationsanalyse durchführen: Wie verhalten sich die verschiedenen Generationen in einer bestimmten Arbeitssituation, und wie verhalten sie sich zueinander?

Die Sprache der Generation verstehen: Bestimmte Mitarbeiter, vor allem Baby Boomer, sagen eher „wir müssen" und „wir wollen", während die Generation Y eher „ich" sagt. Das Eigeninteresse könnte aber in beiden Fällen gleich groß oder gleich eingeschränkt sein. „Ich" muss nicht egozentrisch gemeint sein, auch wenn es von Älteren gerne so interpretiert wird.

Erfahrung und Nostalgie sind zwei unterschiedliche Dinge. In Diskussionen und Gesprächen kommt es aber vor, dass Ältere auf Erfahrung verweisen, obwohl die vermeintliche Erfahrung für die spezifische Situation gar keine Relevanz hat. Möglicherweise ist Nostalgie der wahre Grund, warum der ältere Mitarbeiter sich in der gegebenen Situation nicht wohlfühlt – es war einfacher und besser in den 70er oder 80er Jahren. Nostalgie-Referenzen sollten der Entwicklung nicht im Wege stehen: Sie haben einen negativen Einfluss auf die Effizienz und untergraben die Arbeitsmotivation besonders bei jungen Mitarbeitern.

Sicherstellen, dass das Unternehmen in drei, fünf und zehn Jahren mit Führungs- und Arbeitskräften adäquat versorgt ist. Vor wenigen Jahrzehnten kam es noch sehr oft vor, dass ein und dieselbe Person viele Jahre dieselbe Tätigkeit ausführte und in derselben Position war; Führungskräfte wurden damals nicht so oft ausgewechselt. Demzufolge war die künftige Versorgung einfacher zu planen. Je öfter der Arbeitsplatz gewechselt wird, desto wichtiger ist ein Plan für die Sicherung des künftigen Personalbestandes.

2. Wahlmöglichkeiten und Individualismus

Im Folgenden wird ausführlicher auf die vernetzte, informationsintensive, näher zusammengerückte, transparentere Welt eingegangen, in der die Generation Y aufgewachsen ist. Auch wird untersucht, wie die Veränderungen der Gesellschaft zu wesentlich erweiterten Wahlmöglichkeiten geführt haben, was beim typischen Vertreter der Generation Y zu stärkerer Betonung von Individualismus und neuen Informationsstrategien führt.

Außerdem werden die treibenden Kräfte hinter der gesellschaftlichen Entwicklung diskutiert. Hier gibt es ein interessantes Wechselspiel und viel Dynamik zwischen verschiedenen Faktoren. Die Gelegenheit, wählen zu können, stimuliert das individuelle Denken und Verhalten gegenüber Produkten, Marken und Arbeitgebern. Das bedeutet, alle Wahlmöglichkeiten schaffen Individualismus, was zu einer größeren Vielfalt aufseiten der Anbieter führt. Und je mehr Alternativen, desto geringer die Loyalität! Das gilt gleichermaßen für Konsumgüter, für den Arbeitsmarkt, für Freizeitbeschäftigungen und für andere Situationen mit vielen Alternativen für den Abnehmer.

2.1 Wahlmöglichkeiten – eine Selbstverständlichkeit für die Generation Y

Vor ein paar Jahrzehnten gab es in fast allen Bereichen des Lebens deutlich weniger Wahlmöglichkeiten: Es gab nur einen Strom-Lieferanten und einen Anbieter für Telefone. Es gab weniger Ausbildungseinrichtungen, weniger Urlaubsmöglichkeiten und weniger Optionen beim Autokauf. Preisvergleiche im Internet konnten nicht angestellt werden – es gab kein Internet. Die meisten fuhren sehr lange die gleiche Automarke, kauften im lokalen Supermarkt ein u. Ä.

Loyalität war die Regel, einen neuen Lieferanten aufsuchen eher die Ausnahme. Bei Unzufriedenheit gab es natürlich diese Möglichkeit, aber die Marke wechseln, nur weil es Spaß macht, war eine Seltenheit.

Ab den 80er Jahren gab es viel mehr Wahlmöglichkeiten. Die Globalisierung von Geschmack und Präferenzen, ein internationalisierter Handel, günstige Transportmöglichkeiten und das Auftreten von internationalen Niedrigpreis-Lieferanten, wie RyanAir, Ikea, Hennes & Mauritz, Lidl und Wal Mart (Letzterer nicht so erfolgreich in Europa, aber sehr erfolgreich in den USA), führten auf vielen Konsumebenen zu einer neuen Vielfalt von Preis-, Leistungs- und Qualitätsalternativen. Ein Mehr an Alternativen macht den Konsumenten naturgemäß entscheidungsbewusster und anspruchsvoller: Aspekte des Angebots, die früher nicht in Betracht gezogen wurden, konkurrieren nun mit herkömmlichen, altgewohnten. Wer nie die Wahlmöglichkeit gehabt hat, denkt nicht so viel über Aspekte des Angebots nach, wer jedoch Konsument in einem konkurrenzintensiven Markt ist, wird Target der Marktkommunikation und erhält viele Informationen über Produkte, über Unterschiede zwischen Alternativen und Aspekte des Angebots, die vorher nicht bekannt waren.

Die Entwicklung, die sich hier vollzogen hat, kann, stellvertretend für viele weitere Bereiche, am Beispiel des Flugreiseverkehrs veranschaulicht werden: Vor dem Aufkommen der Billigfluglinien war es eine Selbstverständlichkeit, dass an Bord Speisen und Getränke kostenlos gereicht wurden. Flughäfen befanden sich in der Regel in der Nähe von Städten und Wirtschaftszentren. Die Möglichkeit, etwa über die Militarflughäfen Frankfurt-Hahn (140 km von Frankfurt am Main), über Barcelona-Girona (100 km von Barcelona) oder Stockholm-Västerås (110 km von Stockholm) zu fliegen, kann aus Marketing-Gründen gefragt sein – warum dann aber den Namen der Stadt, die zwei Stunden vom Flughafen entfernt liegt, im Marketing benutzen? Viele Kunden haben diese Initiative jedenfalls geschätzt, und die traditionellen Fluggesellschaften hatten plötzlich eine neue Konkurrenzsituation. Gut für die Kunden, schmerzhaft für die nationalen Flaggschiffe! Die traditionellen Fluggesellschaften haben ungünstige Kostenstrukturen, hohe Lohnkosten, die nicht einfach reduziert wer-

den können, große Marketingabteilungen und eine Vielfalt von Flug-
zeugtypen. RyanAir fliegt ausschließlich mit Maschinen vom Typ
Boeing 737, was zu günstigen Kosten für Inspektionen, Unterhalt und
Schulung führt. So konnten viele Fluggäste gewonnen werden, die
zwar das Geld hatten, mit Lufthansa, Air France oder British Airways
zu fliegen, es aber sinnvoller fanden, mit Billigflugtickets öfter zu
reisen bzw. das eingesparte Geld für andere Bedürfnisse auszugeben.

2.2   Neue Geschäftsmodelle und ein flexibles Konsumverhalten

Kleidung konnte schon früher im Billigmarkt gekauft werden, die
anspruchsvollere Kleidung gab es aber in der Regel im Premiumbe-
reich, und diese Kleidung wurde in der Stadtmitte beim Premium-
händler angeboten. Dann haben sich Billigmarken ausgebreitet, die
nicht nur preisgünstig, sondern auch qualitativ hochwertig und ästhe-
tisch ansprechend waren. Und noch mehr: Der Käufer musste sich nicht
länger zum Billigmarkt bemühen, die Bekleidungsgeschäfte wurden
ausschließlich in Kaufhäusern mit attraktiven Standorten gegründet.
Handelsketten, wie Hennes & Mauritz (Schweden) und Zara (Spanien),
haben diese Strategien umgesetzt und das Kaufverhalten grundsätzlich verändert: Statt einer Frühlings- und einer Winterkollektion gibt es
jede Woche neue Kleidung, was vor allem junge Leute attraktiv finden.
Unter der Woche mal ein paar Bekleidungsgeschäfte in der Stadtmitte
besuchen, hier und da billig und schön einkaufen – einfach geil!

Nicht nur die Möglichkeiten haben sich vermehrt, sondern auch die
Einstellung und das Verhalten haben sich verändert: Was früher als
merkwürdig und erstaunlich betrachtet wurde, gilt jetzt als *eine* von
vielen Möglichkeiten. So gibt es heute wohlhabende Menschen, die
billig einkaufen, zum Beispiel Menschen, die sich ein Premiumauto
jenseits der 50.000 Euro-Grenze zulegen und dann zu Lidl fahren, um
billige Lebensmittel kaufen zu können. Und es gibt Menschen mit
wenig Geld, die gleichwohl Jeans für 300 Euro kaufen.

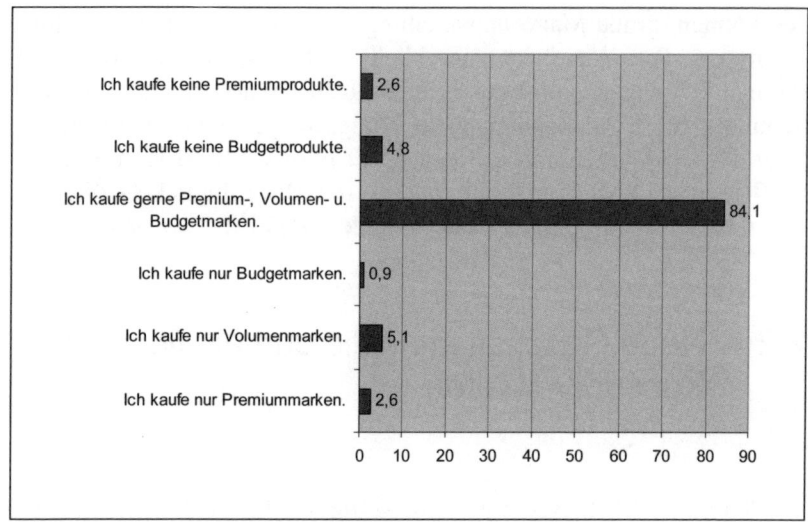

Abbildung 2.1: *Die meisten Vertreter der Generation Y können sich vorstel-*
len, Budget-, Volumen- oder Premiummarken zu kaufen,
und die Prioritäten sind eher von der Kaufsituation abhän-
gig: Manchmal zieht man günstige Produkte vor, ein an-
dermal werden nur die besten Produkte der jeweiligen Ka-
tegorie gekauft, wenn man sich das leisten kann. Angaben
in Prozent. Quelle: Generation Y-Fragebogen

Früher musste das Auto alle 10.000 oder 15.000 Kilometer in die
Vertragswerkstatt zum Ölwechsel oder zu einer großen Inspektion.
Alternativen zur Vertragswerkstatt gab es zwar, sie wurden jedoch in
den ersten sechs bis acht Jahren des Autolebens kaum genutzt. Heute
fahren immer mehr Pkw-Besitzer A.T.U. (Auto Teile Unger), Pit-Stop
oder Stop+Go an, um dort Inspektionen kostengünstig durchführen zu
lassen. Diese Veränderung hat eine mentale Dimension: Früher mussten diejenigen, die sich für eine Alternative zur Vertragswerkstatt
entschieden hatten, für sich selbst und gegenüber Dritten überzeugen-
de Argumente haben. In der Generation Y ist es eine Selbstverständlichkeit, verschiedene Alternativen schnell und effizient auszuwerten:
Wer bietet das beste Preis-Leistungs-Verhältnis? Wer ist zuverlässi-
ger? Wo ist es am einfachsten, das Auto zur Inspektion zu bringen?

Klar, die Vertragswerkstatt hat gewisse Vorteile (markenspezifische Kenntnisse, die Möglichkeit, neue Software herunterzuladen etc.); Alternativen werden aber trotzdem bewertet.

2.3 Konsumkultur – eine Selbstverständlichkeit für die Generation Y

Die Generation Y ist in der „neuen" Gesellschaft mit hoher Transparenz, ständiger Kommunikation, vielen Wahlmöglichkeiten und ausgreprägtem Individualismus aufgewachsen.

Wahlmöglichkeiten fördern den Individualismus, weil es mehr Gelegenheit für den einzelnen Konsumenten gibt, beim Kauf Präferenzen umzusetzen. Wenn Personen im sozialen Umfeld neue Wege gehen, die eigenen Präferenzen durch Konsum umzusetzen, etabliert sich eine *Konsumkultur, in der Menschen Konsum als ein zentrales Thema für die Profilierung der eigenen Person nutzen*. Ohne Alternativen und Wahlmöglichkeiten gäbe es nur wenige Möglichkeiten, sich durch das Kaufverhalten zu profilieren.

Außerdem ist die Generation Y durch einen im Vergleich zu früheren Generationen hohen Lebensstandard, viele alternative Urlaubsmöglichkeiten, viele Freunde und „viel Spaß" verwöhnt. Dies führt zu ähnlichen Ansprüchen und Erwartungen an das Erwachsenenleben.

Nicht nur Verkäufer und Handelsketten, sondern auch Arbeitgeber, Kirchen, Fachverbände, verschiedene Arten von Vereinen etc. sind sich darüber einig, dass die Loyalität der Kunden, Mitarbeiter oder Mitglieder ihnen gegenüber gesunken ist. Immer mehr Fernsehkanäle, Internet-Seiten, Freizeitbeschäftigungen sowie die Möglichkeit, sich überall und jederzeit mit dem Internet zu verbinden, erschweren es, die Aufmerksamkeit der Konsumenten auf Aktivitäten, Firmen und Angebote zu lenken. Das weniger loyale Verhalten zeigt die Generation Y in vielen Bereichen: beruflich, als Konsument und auch im Privatleben. Die Generation Y wurde schon früh im Leben mit vielen

Alternativen und Wahlmöglichkeiten verwöhnt, und das muss man verstehen, um diese Generation ansprechen und anziehen zu können.

2.4   Von der Informationsknappheit zum Informationsüberschuss

Die Generation Y hat früh gelernt, dass nicht alle Entscheidungen getroffen werden müssen – nicht alle E-Mails müssen beantwortet werden (beruflich gibt es natürlich gewisse Regeln dafür, wie mit E-Mails umzugehen ist), Angebote von Strom-, Telefon- und Breitband-Unternehmen müssen nicht beachtet werden, und Hunderte und Aberhunderte kommerzielle Informationen, die einen jeden Tag erreichen, müssen nicht alle bearbeitet werden. Immer den niedrigsten Preis zu finden, ist unmöglich; sich in wichtigen Kauf- und Entscheidungssituationen gut zu informieren, ist aber eine Selbstverständlichkeit. Tatsächlich ist es unmöglich, jede Wahl zu optimieren – diese Einsicht kommt für diejenigen früher, die in einer Gesellschaft mit vielen Wahlmöglichkeiten aufgewachsen sind. So entwickelt man *Strategien für ein effizientes Verhalten im Informationsüberschuss*. Eine kritische Haltung und eine automatische Prüfung der Informationen tragen dazu bei, dass strategische sowie taktische Entscheidungen einfacher zu treffen sind.

In Interviews mit Baby Boomern[7] erzählen einige Befragte, dass sie immer die Ambition haben, alle Informationen aus Direktmarketing, Tageszeitungen etc. zu bearbeiten. Eine 65-jährige Rentnerin, von der erlebten Informationsflut geplagt, berichtet: *„Ich finde es sehr schwer, es erfordert viel Zeit, es ist schwierig zu wählen. Jeden Tag kommen neue Informationen, worauf soll ich die Priorität setzen?"*. Sie und ihr 70-jähriger Ehemann markieren durchgelesene Werbeprospekte und Tageszeitungen mit ihren Initialen. Es kann sein, dass dieses Vorgehen typischen Vertretern der Generation Y komisch er-

---

7   Parment (2008c).

scheint, es ist aber für Baby Boomer einfach zu erklären: Sie sind daran gewöhnt, alle Informationen, die sich an eine Person wenden, auch ausnutzen zu können. Aufgewachsen mit genügend Zeit für die Auswertung aller Informationen, betrachtet man die „neue" Gesellschaft mit Skepsis, Frustration und Stress. Eine Ausnahme in der Baby Boomer-Generation sind Personen, die bei ihrer Arbeit stets mit einem Informationsüberschuss konfrontiert waren: Politiker, Rechtsanwälte, Generaldirektoren etc.

2.5 Mehr Informationen – neue Informationsstrategien

An der University of South Australia arbeitete noch nach der Jahrtausendwende ein älterer Professor, der einen großen Teil des Arbeitstages darauf verwendete, interessante wissenschaftliche Artikel zu finden, die dann archiviert und indexiert wurden. Der Professor war frustriert über die gestiegene Anzahl der verfügbaren wissenschaftlichen Artikel, was zu mehr Arbeit und einer erhöhten Komplexität bei der Arbeit mit der Datenbank führte. Es ist unklar, warum dem Professor erlaubt wurde, mit seiner Offline-Datenbank zu arbeiten. Alle Artikel sind online verfügbar, und online sind sie viel schneller zu finden als in dem veralteten Register des Professors.

Viele Menschen können die Frustration des Professors nachvollziehen: Die Informationsmenge steigt, die Fähigkeit, Informationen zu beurteilen und zu bearbeiten, aber nicht. Für die Generation Y – und natürlich gilt das auch für viele andere Menschen – ist Informationsüberschuss der Normalzustand, und interessantes Material muss nicht archiviert werden – es ist meistens im Internet verfügbar, und wenn nicht, dann können in vielen Fällen ähnliche Informationen gefunden werden.

2.6   *Ich* bestimme, wann ich Informationen möchte

Eine wichtige Implikation der neuen informations- und kommunika-
tionsintensiven sowie transparenten Gesellschaft ist, dass es die Generation Y weniger problematisch findet, Ansichten zu ändern. Während es älteren Menschen in der Regel schwer fällt, neue Ansichten
anzunehmen, geht die Generation Y deutlicher gelassener mit solchen
Veränderungen um. Links oder rechts in der Politik? In der Stadt
wohnen oder auf dem Land? BMW oder Mercedes? Ansichten, die
vorher eher ein Leben lang beibehalten wurden, können sich jetzt
schnell verändern. Die Generation Y bekommt Informationen und
Eindrücke aus vielen verschiedenen Quellen, trifft eine Vielfalt von
Menschen und findet es nicht so erstaunlich oder bemerkenswert,
dass man eine Ansicht ändert: Im Licht neuerer Erfahrungen können
bisherige Meinungen in Frage gestellt werden, und man kümmert sich
nicht so viel darum, ob das persönliche Ansehen infolge einer Mei-
nungsänderung Schaden nehmen könnte.

Die Rolle des Staates nimmt ab, und es kommt verstärkt auf den Einzelnen an, die richtigen Entscheidungen bezüglich Karriere und
Wohnort zu treffen. Früher gab es Erwartungshaltungen: Für Personen, die nicht Bescheid wussten und nicht selbst entscheiden konnten,
griff der Staat ein und kümmerte sich um seine Bürger. Individuelle
Leistungen im Arbeitsleben waren nicht so stark betont wie heute,
und wer vier, fünf Jahre an einer Universität studierte, hatte beste
Chancen, einen guten Job zu bekommen. Heute kommt es immer
mehr auf die Persönlichkeit und individuelle Tatkraft an. In Zeiten
eines starken Individualismus ist der eigene Lebenslauf sehr wichtig,
und die Vielfalt der Karrierewege ist größer.

Die Generation Y verspürt Stress, Möglichkeiten, die das Leben bietet, etwa nicht verwirklichen zu können. Viele Eindrücke aus verschiedenen Zusammenhängen und viele Freunde, die interessante
Erfahrungen in verschiedenen Ausbildungen, Ländern und Branchen
gemacht haben, fördern die Mentalität, Träume und Ambitionen reali-

sieren zu können und zu müssen. Alle Menschen leben aber unter Begrenzungen in finanzieller, zeitlicher, physiologischer und sozialer Hinsicht und können somit Träume nicht unbegrenzt realisieren. Frühere Generationen hatten in dieser Hinsicht weniger Möglichkeiten, allerdings auch geringere Erwartungen.

Dazu kommt, dass, wenn die Welt voll von Möglichkeiten ist, ein Rückschlag nicht so ärgerlich ist, wie wenn man alles auf eine Karte gesetzt hat. Wenn eine Person der Generation Y einen Job, eine Beförderung oder eine Professur – vielleicht ist sie dafür noch zu jung – sucht oder einen Kredit aufnehmen möchte und dabei auf Ablehnung stößt, wird das nicht mehr wie eine Niederlage gesehen: wieder versuchen, wenn das nächste Mal die Gelegenheit geboten wird.

2.7 Das Internet – eine zuverlässige Informationsquelle?

Die Generation Y ist daran gewöhnt, das Internet als Informationsquelle und Wissensbasis zu nutzen. Die Behauptung, dass das Internet eine Quelle von fragwürdiger Qualität sei, ist nur teilweise richtig: Man muss gut, schnell und bewusst im Internet navigieren können. *„Eine Vorlesung zum Thema ,Einführung in eine akademische Lehrform: kritisches Denken' ist ein Scherz. Wir sind mit kritischem Denken aufgewachsen: Wer nicht kritisch ist, kann das Internet kaum nutzen"*, meint ein Student (geb. 1984), der in München Betriebswirtschaftslehre studierte. Homepages von bekannten Organisationen – siemens.com, atlascopco.com, hilton.com, deutschebank.de etc. – sind nicht weniger zuverlässig bezüglich der verfügbaren Informationen als andere Informationen von derselben Organisation. Offene Informationsquellen, wie wikipedia.de bzw. wikipedia.org – eine freie Enzyklopädie, die von jedem Benutzer geändert werden kann – sind von erstaunlich hoher Qualität. In mehreren Studien wurde festgestellt, dass Wikipedia vergleichbar mit etablierten Enzyklopädien ist, oder doch fast so gut ist wie diese. Nach einer Untersuchung des bri-

tischen Fachjournals „*Nature*" ist Wikipedia kaum schlechter als die
Encyclopaedia Britannica. Die Zeitschrift „*Nature*" hatte 42 Artikel
der beiden Werke von Experten vergleichen lassen, ohne dass diese
wussten, aus welcher Enzyklopädie die Artikel stammten.

Bei Wikipedia fanden die Experten durchschnittlich vier Fehler pro
Artikel, bei der Encyclopaedia Britannica waren es drei. Das kritische
Denken ist ebenfalls wichtig im Internet: Es kann sein, dass Artikel in
Wikipedia manipuliert sind, was bei einer traditionellen Enzyklopädie
wie der Britannica kaum der Fall ist.

Fest steht, dass Internet-Enzyklopädien eine bessere Qualität als Tageszeitungen bieten. Erstens steht die Presse unter Kostendruck, und
Zeitungsjournalisten müssen Artikel schnell schreiben und liefern,
was zu Kompromissen hinsichtlich der Qualität führen kann. Zweitens ist eine Tageszeitung kein interaktives Medium – der Leser könnte sich zwar mit Kritik und Beschwerde an die Redaktion wenden,
was aber die bereits publizierten Informationen nicht verändern kann.
Eine offene Enzyklopädie, wie Wikipedia, kann von allen damit ver-
trauten Nutzern aktualisiert und berichtigt werden, was die Qualität
der verfügbaren Informationen erhöht. *Das Feedback Tausender von*
 Nutzern sichert so die Qualität besser, als das ein einzelner Autor
vermag. In einem Artikel in den *Dagens Nyheter*, Schwedens größter
Tageszeitung, wurde der italienische Design-Möbel-Hersteller Kartell
als „ein deutscher Hersteller von billigen Massenprodukten aus
Kunststoff" bezeichnet. Kartell ist aber weder deutsch, noch billig!
Wer in Wikipedia sucht, weiß alsbald Bescheid: Die aus Plexiglas
gefertigten italienischen Möbel haben ein klassisches Design und sind
u. a. im Museum of Modern Art in New York zu sehen. Je mehr Leser
 der Tageszeitungen ein kritisches Verhältnis zu den gedruckten Texten
und Informationen haben, desto besser muss deren Qualität sein, um
die Leute zum Kauf von Zeitungen zu motivieren – es gibt heutzutage
ja viele andere Wege, sich zu informieren.

Wer immer noch denkt, die Tageszeitung hat recht, das Internet aber
nicht, könnte gern ein paar Begriffe in Wikipedia suchen, z. B. „Ba-
rack Obama", „Helmut Kohl", „Kanton", „Volkswagen", „Architec-
tur", „General Motors", „USA" und „Farbe"/„Colour", und sich da-

von überzeugen, ob diese kostenlos verfügbare Informationsquelle wirklich schlechter als traditionale Enzyklopädien abschneidet. Sachfehler und tendenzielle Angaben mögen vorkommen, aber erstens findet sich so etwas in traditionellen Enzyklopädien ebenfalls, wenn auch in geringerem Umfang, und zweitens ist die Qualität für alltägliche Anwendungen meistens „gut genug".

2.8 Die Welt ist näher und transparenter – neue Möglichkeiten für unentdeckte Talente

Für die Generation Y ist die Welt näher und transparenter als für frühere Generationen. Die erhöhte Transparenz macht sich auf vielen Lebensebenen bemerkbar:

- Die Märkte haben sich von der Knappheit in den 60er Jahren zu einem Überangebot vieler Konsumgüter gewandelt.

- Die Märkte sind transparenter geworden, und eine wichtige Antriebskraft in dieser Entwicklung ist das Internet. Aufgrund der Informationstransparenz, die mit dem Internet ermöglicht wird, ist es für viele Produkte *technisch möglich, Preise und Bedingungen einfach zu vergleichen.* Auf den Arbeitsmarkt hat das Internet diesbezüglich weniger Einfluss gehabt: Es gibt zwar Gehaltsstatistiken, die Daten sind jedoch schwieriger zu vergleichen und zu nutzen, als das bei Preisinformationen für Konsumgüter, wie Kleidung, Autoreifen, Kühlschränke oder Bücher und CDs, der Fall ist.

- *Anbieter stehen unter dem Druck vonseiten der Medien, der Kunden und des Staates*, Informationen über Preise, Lieferbedingungen, Stromverbrauch, Garantiebedingungen, Recyclingfähigkeit, Haltbarkeit etc. zu veröffentlichen und zu verdeutlichen. Erhöhte Anforderungen an Verbraucherinformationen seitens der Konsumenten und des Staates sind ein Thema seit Anfang der 70er Jahre, als sich amerikanische Unternehmen falsche Angaben an die Kunden geleistet haben.[8] Seither sind die Ansprüche, ethisch akzeptable und transparente Informationen zu veröffentlichen, deutlich gestiegen.

■ *Mehr Alternativen schaffen mehr Transparenz*: Durch neue Produkte und Alternativen werden verschiedene Wettbewerbsvorteile vermarktet und für den Kunden verdeutlicht. Um ein Beispiel zu nennen: Stromverbrauch, Recyclingfähigkeit und Geräuschpegel sind heute Qualitätsmerkmale eines Kühlschranks, über die Kunden in den 70er Jahren kaum nachgedacht hätten.

Alle hier erwähnten Veränderungen ergeben *eine Kultur in der Transparenz, die für bessere und effizientere Kaufentscheidungen weidlich genutzt wird*. Die Umsetzung aller Möglichkeiten, die durch die hohe Transparenz entstehen, ergibt eine neue Konsumkultur mit einer stärkeren Betonung von Erlebnisqualität, Flexibilität und breiter Vielfalt nutzbarer Alternativen, während Loyalität und ein „Immer das Gleiche, da weiß man, was man hat!" an Einfluss verlieren. Und wie bereits dargestellt, die Generation Y ist in der neuen, transparenteren Gesellschaft aufgewachsen.

Was heißt „die Welt ist näher"? Durch die Möglichkeiten der neuen transparenteren Gesellschaft und durch den Mut, neue Wege zu gehen, weiß die Generation Y günstige Gelegenheiten zu nutzen. Hier spielen das Internet und das Reality-Fernsehen eine große Rolle. Der Hobby-Musiker etwa kann im Internet seine Songs hochladen und dort einstellen. Wer ein großes soziales Netzwerk hat, z. B. 400 Freunde bzw. „Freunde" im virtuellen Kontaktnetzwerk Facebook, kann einen Link zu den Songs hochladen und auf die Weise viele Freunde zum Hören einladen. Studien haben zwar gezeigt, dass durchschnittlich sieben der Freunde im virtuellen Kontaktnetzwerk Personen sind, die man nie getroffen hat[9] – ob sie wirklich Freunde sind, bleibt natürlich dahingestellt. Der Effekt kann auf jeden Fall

---

8   Bloom & Greyser (1981); Day & Aaker (1997); Parment (2006).
9   Parment & Dyhre (2009).

sehr positiv sein: Einige Musiker wurden durch das Hochladen von Songs berühmt und haben sogar Platz 1 der Top-Liste erreicht.[10]

Fernsehshows bringen die Welt näher an den Einzelnen heran. Die Teilnehmer an der Fernsehshow „Big Brother", deren Name aus Georg Orwells Science-Fiction-Roman „1984" abgeleitet ist, stehen ein paar Hundert Tage unter Videoüberwachung rund um die Uhr, auch in den Wohnräumen und auf den Toiletten. „Big Brother" lief 2008 in 35 Ländern. Das Konzept wurde reichlich kritisiert – und viele Leute wurden durch die Show berühmt, wenn auch für andere Qualitäten als die, die traditionell hoch bewertet sind. Das britische Konzept „Pop Idol" läuft unter verschiedenen Namen in mehreren Ländern, in Deutschland – „Deutschland sucht den Superstar", in Frankreich – „Nouvelle Star" und in den USA – „American Idol". Hier können bisher noch nicht entdeckte Talente ihre Fähigkeiten von einer – aus Produzenten und Komponisten zusammengesetzten Jury prüfen lassen – natürlich in einem unterhaltungsorientierten Format.

Ein Konzept, das für den Arbeitsmarkt ausgelegt ist, heißt „The Apprentice" (dt. „Der Lehrling"). Jede Woche (von insgesamt 13 Wochen) werden zwei Teams mit einer Aufgabe betraut, deren Ergebnisse verglichen werden. Ein Mitglied des unterlegenen Teams wird aus dem Team entlassen und mit den Worten „You're fired!" („Du bist gefeuert!") nach Hause geschickt. Wer den Wettbewerb gewinnt, bekommt einen mit 250.000 US-Dollar Gehalt ausgestatteten Jahresvertrag als Geschäftsführer in einem Unternehmen des amerikanischen Medienmoguls Donald Trump, der auch Moderator der Sendung ist. Die Show läuft in weiteren 20 Ländern, bisher aber nicht im deutschsprachigen Raum.

Auch wenn es nur relativ wenigen jungen Menschen aus Deutschland, der Schweiz und Österreich gelingt, solche Wettbewerbe zu gewinnen, können diese Wettbewerbe doch als wichtige Beispiele dafür dienen, was erreicht werden kann: Gewinner sind in der Regel Personen ohne viel Geld, ohne Netzwerke mit prominenten Personen

---

[10] Vgl. Parment, 2008a.

und ohne die Voraussetzungen, die traditionell als notwendig galten, um Erfolg in einer Branche zu haben.

In der alten Gesellschaft waren Geld, Familie und Beziehungen zu prominenten Personen die Voraussetzungen für eine erfolgreiche Karriere – jetzt sieht das anders aus. Auch wer kein Geld, keine Beziehungen zu prominenten Personen hat und nicht aus einer berühmten Familie stammt, kann Erfolg haben. Die Verhältnisse haben sich zugunsten der einzelnen Personen verschoben, und die Generation Y versteht es, diese Entwicklung zu nutzen. Während zuvor die Musikindustrie die Macht hatte, zwischen eingesendeten Tonbändern mit Songs zu wählen und auch ungünstige Konditionen für junge und unerfahrene Musiker anzubieten, funktioniert alles jetzt eher auf Basis von Angebot und Nachfrage. Wer ein gutes Musikstück produziert, wird bald von einem Musikunternehmen entdeckt, und so wird der Musiker vom Unternehmen kontaktiert, statt umgekehrt. In Internet-Foren können Musiker, Liedermacher und andere die gebotenen Konditionen an jenen Konditionen bewerten, unter denen andere Personen in vergleichbaren Situationen tätig sind – eine Möglichkeit der erhöhten Transparenz, die für Personen mit wenig Erfahrung sehr hilfreich ist.

Die hier beschriebene Entwicklung wurde erheblich verstärkt, als Netzforen, wie MySpace.com (2003) und YouTube.com (2005), eingeführt wurden – für Musiker ist MySpace.com heute die richtunggebende Internet-Seite.

2.9   Mehr Informationen verarbeiten – Vertiefung oder mehr Oberflächlichkeit?

Soziologen waren und sind auch heute noch gelegentlich der Meinung, dass eine größere Menge von Informationen in der Gesellschaft zu einer Veroberflächlichung führt: Wenn die Informationsmenge, die – inhaltlich – verarbeitet werden kann, so etwas wie eine anthropologische Konstante ist, und wenn spezifisch mehr Information anfällt, dann muss man das Fachgebiet einengen, um die gleiche Tiefe der Kenntnisse aufrechterhalten zu können.[11] Für die Generation Y scheint eher das Gegenteil zuzutreffen: Größere Informationsmengen machen es möglich, durch Selektierungs- und Wahlstrategien in einer neuen Informationslandschaft mit einer Vielfalt von Informationen effektiv zu navigieren. Wer breite Bezugsrahmen hat, kann sich für Analysen und Entscheidungen von einer Menge von Quellen und Perspektiven inspirieren lassen. Überdies: Wer unter Belastung bei der Informationssuche etwas gelassener zu Werke geht, navigiert in einer informationsintensiven Gesellschaft effizienter. Wer über den sprichwörtlichen Tellerrand hinaussieht, hat bedingt einen Vorteil gegenüber jedem, der zwar tiefschürfend, aber nur im Rahmen eines schmalen Fachgebietes denkt.

Checkliste

- ☑ Welche gesellschaftlichen Veränderungen hatten den größten Einfluss auf Ihr Unternehmen?
- ☑ Was sind die treibenden Kräfte hinter diesen Veränderungen?
- ☑ Hat die Loyalität der Kunden bzw. der Mitarbeiter abgenommen? Was sind die treibenden Kräfte hinter einer abnehmenden Loyalität?
- ☑ Kennen Sie Ihre Kunden? Wo leben sie, wo arbeiten sie, wo wohnen sie, und welche Musik mögen sie? In Zeiten flexiblen Konsumverhaltens wird es wichtig, die Kundenpräferenzen zu kennen. Das schafft wichtiges Feedback und erhöht die Qualität von Kundenanalysen.
- ☑ Wie macht sich der Informationsüberschuss in Ihrem Unternehmen bemerkbar? Verursacht er Kosten und andere unerwünschte Effekte?
- ☑ Wie wird mit Kunden und Mitarbeitern kommuniziert? Ist das aufseiten der Mitarbeiter neue Verhältnis zu Informationen in die Richtlinien für die Kommunikation einbezogen?
- ☑ Welche Richtlinien für Informationssammlung und -quellen sind vorhanden? Wird das Internet mit Skepsis betrachtet oder wird von den Möglichkeiten des Internets Gebrauch gemacht?

---

[11] Vgl. Lyttkens (1991, 1994).

☑ Ist „gut genug" für gewisse Arbeitsaufgaben im Unternehmen ausreichend, oder wird überwiegend Perfektion gefordert und belohnt?

☑ Was bedeuten die Informationstransparenz der Gesellschaft sowie die Tendenz, dass Mitarbeiter vermehrt außerhalb des Unternehmens kommunizieren?

Handlungsempfehlungen

Wettbewerbs- und Umwelt-Beobachtung Priorität geben: Mit weniger loyalen Mitarbeitern und einer über die Zeit gewachsenen Vielfalt von Wahlmöglichkeiten wird es zunehmend wichtig, sich über Tendenzen zu informieren und zu agieren. Mangelhafte Umwelt-Beobachtung könnte dazu führen, dass die Wettbewerbsfähigkeit des Unternehmens schnell abnimmt.

Den Wettbewerbsvorteil fundieren und sicherstellen, dass man nicht von inländischen oder ausländischen Schwellenunternehmen plötzlich aus dem Markt gedrängt wird.

Die Gesellschaft unterliegt einer Transformation von Informationsknappheit zu Informationsüberschuss. Für viele Tätigkeiten führt diese Entwicklung zu großen Veränderungen. Ein Unternehmen muss sich daran anpassen. Besonders ältere Mitarbeiter haben gelegentlich diese Veränderung nicht verstanden. Informationen, die vorher teuer gekauft wurden, sind heute kostenlos und im Überfluss erhältlich. Informationen, die vorher gespeichert und archiviert werden mussten, sind jetzt zu jeder Zeit online verfügbar und müssen folglich nicht aufbewahrt werden. Wichtig sind nunmehr die Fähigkeiten, adäquate Informationen effizient zu finden, zu bearbeiten und zu analysieren.

3. Ansprüche an Arbeit und Konsum: Förderung von Erlebnissen und der Ich-Identität

„The empires of the future will be empires of the mind."

[Winston Churchill, britischer Premierminister,
1943 in einem Gespräch an der Harvard University in den USA]

> Nachfolgend wird das verstärkte Streben nach Betonung der eigenen Identität behandelt und untersucht, wie sich diese Entwicklung auf die Konsum- und Arbeitsmärkte auswirkt.

Im Allgemeinen wird das Interesse an emotionalen Produkten größer, weil Vernunft und Verstand eher weniger Einfluss auf Kaufentscheidungen nehmen. Aber gilt das für alle Produkte und kann diese Entwicklung auf andere Lebensebenen übertragen werden? Wie konnte der Übergang von einer vernunftorientierten zu einer emotionsorientierten Haltung zustande kommen? Im Folgenden werden diese Entwicklungen beschrieben und analysiert. Die selbstbewusste und informierte Generation Y weiß emotionale Werte des Konsum- und Arbeitslebens zu schätzen.

In den letzten Jahrzehnten haben sich die Voraussetzungen für wirtschaftliche Entwicklung stark verändert. Talente, Werte, Kultur, Marken und andere immaterielle Faktoren spielen eine immer wichtigere Rolle in der Sicherstellung und Stärkung der Wettbewerbsfähigkeit. Ein immer größerer Anteil des Bruttoinlandsproduktes (BIP) rührt von immateriellen Faktoren her. Szita diskutiert „die kreative Klasse" – Menschen, die in Wissenschaft, Technik und Marketing arbeiten. Die betreffende Klasse macht jetzt rund 30 Prozent der Arbeitskräfte

USA

in den USA aus, im Vergleich zu fünf Prozent in den 50er Jahren.[12] Diese Entwicklung bedeutet selbstverständlich nicht, dass wir die traditionellen materiellen Ressourcen nicht mehr brauchen: Der alte Kampf um natürliche Ressourcen besteht noch, wird teilweise sogar schärfer, denn es gibt bei vielen Ressourcen, wie Öl, Holz, gewisse Lebensmittel etc., ein knappes Angebot. Der Wettbewerb zwischen Nationen, verschiedenen Philosophien und Umsetzungsstrategien der Unternehmensführung, das Ringen um den „richtigen" Fahrzeug-Kraftstoff, die Kosten-Nutzen-Abwägungen zwischen Manpower und Maschinen etc. gehen weiter. Klar ist aber, dass der Wettbewerb zunehmend globaler wird, dass die Entwicklung von Kommunikationstechnologien die Welt transparenter gemacht hat und dass es eine wachsende Zahl von Interessen zu berücksichtigen gilt, um wettbewerbsfähig zu bleiben: Die politischen, ökologischen, ethischen und finanziellen Anforderungen an sowie Beschränkungen für Unternehmen sind größer als je zuvor. Und von Arbeitgebern wird erwartet, dass sie sich um die Mitarbeiter kümmern, dass sie die soziale Verantwortung des Unternehmens wahrnehmen und dass Interessengruppen, wie Politiker, Gewerkschaften und Verbrauchervereinigungen, mitzureden haben. Was früher als ein Wettbewerbsvorteil galt, gilt heutzutage als Regel.

In einer Gesellschaft mit hohen Erwartungen an die konkreten, fühlbaren und realen Faktoren wird derjenige an Attraktivität gewinnen, der an Emotionen appelliert.[13] Gefühle und Regungen sind schwieriger zu kreieren, zu identifizieren und zu kopieren, können jedoch *den* Unterschied ausmachen in einer Welt von Unternehmen, Politikern, Marketingfachleuten und Personalvermittlern, die die Macht der Emotionen – die besonders in der Generation Y sehr groß ist – nicht richtig verstanden haben.

---

12   Szita (2007).
13   Pine & Gilmore (1999).

3.1   Der Wandel der Gesellschaft: Identität und Erlebnis als Lebensthema

Der Wandel von einer Gesellschaft mit Vernunft und Ordnung als dominierenden Werten zu einer Gesellschaft, die viel Wert auf künstlerische, emotionale und ästhetische Dimensionen legt, hat zwar schon früher begonnen, wurde in großem Umfang aber erst durch die Generation Y vollzogen. Eine vernunftbasierte, dem Grundsatz der Vorsorge für künftige Bedarfsfälle verpflichtete Lebensweise – als Gegensatz zu einer *„leichtfüßigen", auf das Hier und Jetzt orientierten Lebensweise* – war maßgebend für frühere Generationen, ist es für die Generation Y aber nicht.

Einen frühen Beitrag zur Entwicklung von Ästhetik in der Arbeitswelt lieferte der deutsche Architekt Peter Behrens, als er im Jahre 1908 das Design des Hauses AEG nach einer einheitlichen Konzeption gestaltete. Er gab Schriftarten, Briefen, Karten, Katalogen, Produkten, Einrichtungen und Jahresberichten des Unternehmens ein gemeinsames, leicht identifizierbares grafisches Profil. Typisch für diese Zeit war, dass eine Einzelperson den gesamten Prozess leitete und komplett unter ihrer Kontrolle hatte.[14] Behrens wurde zum Begründer dessen, was zunehmend als von zentraler Bedeutung für die Möglichkeit galt, um transparent und effizient in einem Markt konkurrieren zu können – eine klare Unternehmensidentität (Corporate Identity): Alles, was ein Unternehmen tut, sollte sein Selbstbild und Image widerspiegeln.[15] Viele Jahrzehnte später wurde diese Einsicht in den meisten Unternehmen beherzigt, besonders ab den 80er und 90er Jahren, als mehr und mehr Unternehmen unter dem Druck der Konkurrenz dazu übergingen, sich einheitlich zu präsentieren.[16] Die Generation Y ist in dieser von Marken geprägten Welt aufgewachsen und dementspre-

---

[14]   Buddensieg et al. (1985); Kadatz (1977).
[15]   Salzer (1994).
[16]   Vgl. Birkigt et al. (1992).

chend an Corporate Identity, Markenprofilierung und Ähnliches schon gewöhnt.[17]

Es gibt natürlich beträchtliche Unterschiede zwischen Ländern und Regionen, zwischen Ballungsräumen und kleinen Städten etc. bezüglich der Verbreitung des neuen, image- und identitätsfokussierten, des Hier und Jetzt zugewandten Lebensstils. Wer in der Stadtmitte von London oder New York mit viel Geld und viel Zeit gelebt hat, der hat auch mehr oder weniger lange die Möglichkeit gehabt, die emotionalen Seiten des Lebens zu genießen. Erstens gibt es in einer Stadt mit mehreren Millionen Menschen gegenüber Abweichungen von Lebensnormen eine größere Akzeptanz als z. B. in einer kleinen Stadt. Zweitens beginnen neue Trends und Lebensstile in der Regel in Großstädten – besonders jene Trends und Lebensstile, die durch Fernsehen, Internet und Popkultur für die Generation Y wichtig, wegweisend und inspirierend geworden sind. Ein Beispiel ist die zwischen 1998 und 2004 produzierte – und noch als Wiederholung im Fernsehen laufende – Fernsehserie „Sex and the City", die das Leben der vier New Yorker Frauen Carrie Bradshow, Samantha Jones, Charlotte York und Miranda Hobbes behandelt. Diese vier Frauen leben als professionell erfolgreiche Singles, und ihre amourösen und glamourösen Erlebnisse und Freundschaften mit Männern, ebenso ihre Auseinandersetzungen und Gedanken spiegeln einen Lebensstil wider, der als Gegensatz zu einem etablierten Leben gelten kann. Eine Fernsehserie wie „Sex and the City" leistet einen nicht unwesentlichen Beitrag zu Veränderungen in der Teenager- und Junge-Heranwachsende-Kultur: Junge Menschen reden über die letzten Entwicklungen der Serie, und die Protagonistinnen werden auch Teil der Identitätsentwicklung und -profilierung der einzelnen Personen: Wer bin ich – Carrie, Samantha, Charlotte oder Miranda? Vier starke Charaktere, genauso wie die vier Girls in der britischen Popgruppe „Spice Girls" der 90er Jahre (Victoria Beckham, Ehefrau von Fußballstar David Beckham, ist das bekannteste Mitglied der Gruppe)[18].

---

17 Vgl. Klein (2002).
18 Spice Girls wurde 1994 formiert, hörte 2001 auf, 2007 bis 2008 gab es eine begrenzte Wiedervereinigung und eine Welttournee mit 47 Konzerten fand statt.

Viele Junge haben vor dem Spiegel gestanden und sich die Frage gestellt: Welches Spice Girl bin ich? Die Gruppe wurde auch durch den Begriff „Girl Power" berühmt – moderne Mädchen sind gut, stark und gemeinsam unschlagbar.[19] Die Tendenz, sich von Stars inspirieren zu lassen, ist nicht neu, sie greift aber tiefer in die eigene Identitätsentwicklung ein und wird weniger von gesellschaftlichen Erfordernissen und Normen begrenzt.

⟶ TESTIMONIALS

3.2   Erlebniskultur und Funktionalismus – zwei verschiedene Welten?

Im Marketing und in Analysen des Kaufverhaltens ist es üblich, die Konzepte „Rational – emotional" bzw. „Funktional – emotional" anzuwenden.[20] Konzeptionelle Dichotomien zur Untersuchung, wie Leute sich in einem Markt verhalten, sind sinnvoll: Damit können sowohl Kaufpräferenzen und Überlegungen aufseiten der Verbraucher wie auch die im Markt entstehenden Angebote besser verstanden werden. Rationale oder funktionsorientierte Aspekte eines Angebots appellieren an die Vernunft. Preis-Leistungs-Verhältnis, Garantien, Wirtschaftlichkeit, Langlebigkeit und Kompatibilität fördern damit *die rationale Attraktivität des Angebots*. Emotionale Aspekte eines Angebots appellieren an die Gefühle. Ästhetik, Besitzerstolz, Anerkennung und das Gefühl, schön auszusehen, sind emotionale Faktoren; sie fördern *die emotionale Attraktivität des Angebots*. Das gilt gleichermaßen im Arbeitsmarkt wie auch bei Konsumgütern. Freilich sind die Grenzen zwischen rationalen und emotionalen Aspekten nicht immer klar: Allradantrieb des Autos – „quattro" hört sich am Stammtisch nicht schlecht an! Und das Sicherheitsgefühl ist eher emotional als rational; neue (und schönere) Küchen- und Haushaltsgeräte mit hoher Energieeffizienz; eine Reise ins Ausland – um billige

---

[19]   BBC (2002).
[20]   Vgl. De Chernatony & MacDonald (1998); Urde (1997).

Kleidung zu kaufen, obwohl die Einsparungen kleiner als die Reise-kosten sind – bieten gleichermaßen rationale sowie emotionale Vor-teile für den Verbraucher. Menschen können verschiedene Argumente nutzen, um eine Entscheidung zu erklären. Wer den Zug bequemer findet, kann Umweltargumente nutzen, was immerhin in heutiger Zeit auf große Akzeptanz stößt. Wer neue Küchengeräte aus ästhetischen Gründen kaufen möchte, kann die Argumente der Energieeffizienz nutzen.

Bei Betrachtung der Erfahrungen über die verschiedenen Generatio-nen hinweg (siehe Kapitel 1), stehen zwei Ergebnisse im Vorder-grund.

■ Eine größere Betonung von Individualismus und die damit verbun-denen individuellen sprachlichen Ausdrucksweisen führen zu einer Verbreitung von emotionalen, Ich-orientierten Kauf- und Arbeitge-ber-Präferenzen.

■ Eine größere kulturelle und gesellschaftliche Akzeptanz gegenüber den im Laufe der Zeit vermehrten Möglichkeiten, Geld auch für emotionale Produkte auszugeben, führt dazu, dass Menschen im-mer mehr an emotionale Faktoren gewöhnt werden. Und diese werden folglich mehr nachgefragt.

Im Verbrauchermarkt bedeutet diese Entwicklung: Wer ein emotional attraktives Produkt im Angebot hat, kann einen höheren Preis als die Konkurrenz verlangen. Im Arbeitsmarkt wird die größere Betonung emotionaler Faktoren dazu führen, dass Arbeitnehmer einen niedrige-ren Arbeitslohn akzeptieren, wenn die Arbeit auch emotionale Attrak-tivität bietet. Anders ausgedrückt: Wer weniger emotionale Attraktivi-tät als die Wettbewerber im Arbeitsmarkt bietet, muss bessere wirt-schaftliche Bedingungen, z. B. ein höheres Gehalt, anbieten, um gute Mitarbeiter anwerben zu können.

Die Zahl derjenigen Menschen, die wenig oder überhaupt keinen Wert auf emotionale Faktoren legen, wird immer kleiner, und die Akzeptanz gegenüber emotionalen Faktoren wird höher. Und nicht nur die Generation Y, sondern auch Kinder der 50er, 60er und 70er

Jahre und selbst Kinder der 40er Jahre legen viel Wert auf emotionale Kriterien. Das wird aber nicht so deutlich wie im Fall der Generation Y.[21]

Natürlich gibt es Produkte, wie Aluminium-Folie, weiße Wandfarbe und Glühlampen, die in den meisten Fällen kaum Emotionen auslösen. Hier sind die Qualität und das Preis-Leistungs-Verhältnis wichtige Kaufkriterien. In einer Konjunkturflaute kann sich der Langzeitarbeitslose zwar die emotionale Attraktivität eines Arbeitgebers wünschen, solche Ansprüche werden allerdings schwierig umzusetzen sein. Die abnehmende Betonung von Arbeit als Pflicht wird aber dazu führen, dass Arbeitnehmer Jobs ablehnen, wenn die Jobangebote nicht grundlegende Ansprüche an „Spaß in der Arbeit" erfüllen.

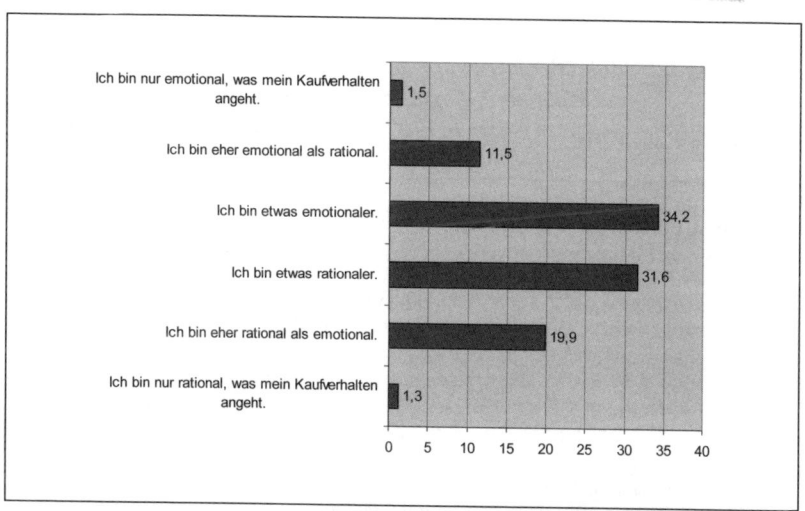

Abbildung 3.1: *Generation Y zum Kaufverhalten im Allgemeinen: rational/emotional, Angaben in Prozent. Quelle: Generation Y Fragebogen*

---

21   Von der Perspektive des Konsumverhaltens gibt es wenige Studien im deutschen Kontext bzw. im deutschsprachigen Raum. Vgl. Tagungsbericht HT 2006: Die deutsche Massenkonsumgesellschaft 1950-2000 – eine wirtschaftshistorische Sehkorrektur. 19.09.2006-22.09.2006, Konstanz. In: H-Soz-u-Kult, 10.11.2006. Schlussfolgerungen sind von der internationalen Forschung abgeleitet.

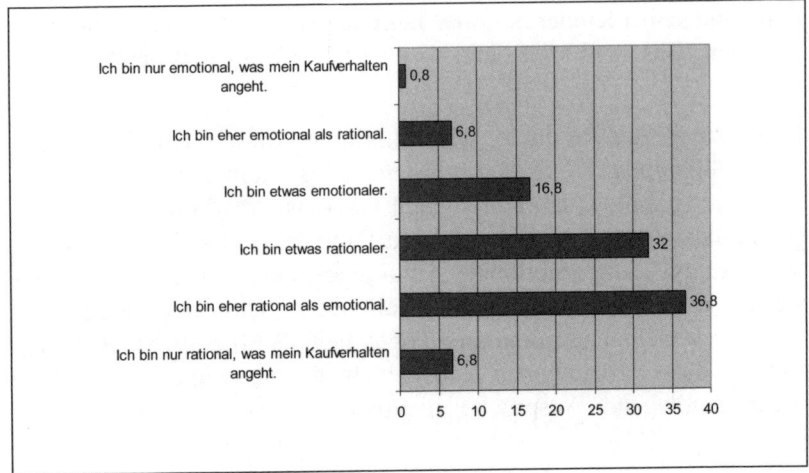

Abbildung 3.2: *Baby Boomer zum Kaufverhalten im Allgemeinen: ratio-*
                 nal/emotional, Angaben in Prozent. Quelle: 55-Plus Frage-
                 bogen in Parment (2008b)

Preis-Leistungs-Verhältnis:
Kann die Leistung emotional sein?

Ein Skoda Octavia bietet „mehr Auto fürs Geld" als ein Audi A3 oder BMW 1er.
Eine Badewanne von Bauhaus bietet mehr für das Geld als eine vom teuren
Fachhandel. Das Preis-Leistungs-Verhältnis einer Ikea-Küche ist besser als das
einer Poggenpohl-Küche. Die Argumentation kennt jeder, trotzdem kaufen viele
Menschen die teureren Produkte, die „weniger fürs Geld" anbieten. Aber – wer
sagt denn, dass Leistungen nur mit rationalen Eigenschaften zu tun haben? Der
Audi A3 bietet für das gleiche Geld mehr an Optik und Haptik, aber weniger Kof-
ferraum und einen kleineren Motor. Eine Poggenpohl-Küche ist teurer als eine
Ikea-Küche, bietet aber mehr in Bezug auf Gefühl und langlebiges Design. Warum sollten solche Aspekte nicht als gute Leistungen gesehen werden? Für einen Generation Y-Zeitgenossen sind emotionale Faktoren nicht weniger wert als
rationale Faktoren – d. h., Angehörige der Generation Y können einen BMW mit
100 PS sowie schöner Optik und Haptik einem weniger schönen Wagen mit 200
PS durchaus vorziehen: Ist diese Wahl von der Leistung her schlechter?

Die Automobilpresse bewertet emotionale Faktoren anders als rationale Fakto-
ren. Erstens stehen in den Tests relativ wenige emotionale Faktoren auf dem
Programm, auch bei teuren Autos, die kaum aus purer Vernunft gekauft werden.
Zweitens gibt es in vielen Autotests zwei Gewinner: „bestes Auto" – hier sind

auch Versicherungskosten, Kaufpreis, Wiederverkaufswert etc. bewertet – und „bestes Preis-Leistungs-Verhältnis". Für die Generation Y ist diese ambivalente Haltung zu emotionalen Kriterien schwer nachzuvollziehen.

„Der Fabia kann diesen klar für sich entscheiden. Und der Yaris wird ebenso deutlich Preis-Leistungs-Sieger."[22]

3.3 Das soziale Netzwerk ermöglicht Image, Kenntnis und soziale Assoziation

Für die Generation Y ist das soziale Netzwerk wichtig bei Entscheidungen über Produkte und Jobs. Es geht um die Kenntnisse, die aus dem sozialen Netzwerk bezogen werden, sowie um die Image-Implikationen unterschiedlicher Entscheidungen. Freunde bei einer Kaufentscheidung zu fragen, ist nichts Neues. Aber die Generation Y ist offen für den Einfluss von Freunden auf Kaufentscheidungen, während Baby Boomer nicht gerne zugeben, dass sie das Verbraucherverhalten von Freunden teilweise übernehmen. „Ich kaufe immer das gleiche wie Frank, damit weiß ich, dass die richtige Wahl getroffen wird", ist eine typische Aussage der Generation Y. Dieser Frank hat auch gute Informationen zum Image des Produkts, was entscheidend sein kann. Der Einfluss von Freunden, Bekannten und Kollegen (Peer Influence) sowie von berühmten Personen hat zweifellos zugenommen. Es ist aber schwierig, die zugehörigen Muster zu finden. Viele Unternehmen *laufen Gefahr,* neue, effiziente Kommunikationskanäle wie soziale Netzwerke zu verpassen, weil man sich auf die traditionellen Kanäle fokussiert.

In einer Gesellschaft von großer Vielfalt und relativ wenigen Möglichkeiten, das Verbraucherverhalten aufgrund struktureller Untersuchungen zu verstehen, muss eine neue Denkweise her. Das erfordert aber Mut und die Fähigkeit, anderen die neuen Voraussetzungen zu

---

[22] AutoBild (2007), S. 23.

erklären. Um ein Beispiel zu nennen: Die neue Denkweise erfordert Einsichten wie die, dass die *Reichweite eines Werbeträgers* zwar Informationen darüber liefert, welche Zielgruppen die Werbung erreicht, nicht aber darüber, ob die Werbung auch Einfluss hat. Bei der Reichweite geht es um den Prozentsatz einer bestimmten Zielgruppe, die mit dem Werbeträger Kontakt hat. Daneben kann sie auch in verschieden spezifizierte qualitative und quantitative Reichweiten unterteilt werden. Der Einfluss auf die Marken-Wahrnehmung und das Käuferverhalten des Abnehmers ist aber schwer zu ermessen. Vor ein paar Jahrzehnten galt, dass die meisten Botschaften, die einen Abnehmer erreichten, auch aufgenommen wurden. Heute gilt eher das Gegenteil: Die Menge der kommerziellen Botschaften, mit denen ein Abnehmer täglich in Berührung kommt, ist so groß, dass es schwierig ist, Denken und Fühlen des Abnehmers zu erreichen.

3.4   Arbeit zur Selbstverwirklichung

In Zeiten hoher Ansprüche an die Selbstverwirklichung bei der Arbeit wird es immer wichtiger, die richtigen Mitarbeiter zu finden, nicht nur diejenigen, die gerne eine Arbeitsstelle wollen. Pflicht als zentrale Treibkraft bei der Arbeit führt dazu, dass auch Mitarbeiter, die nicht richtig zur Arbeitsstelle passen, trotzdem versuchen, gute Arbeit zu leisten. Es wird kaum darüber nachgedacht, ob die Personen zum Image und zur Unternehmenskultur des Arbeitgebers passen. Selbstverwirklichung als Treibkraft bei der Arbeit heißt, dass Arbeitnehmer von Werten wie Entwicklungsmöglichkeiten, Spaß, Lernen, Bedeutung und eigene Karriere ausgehen. Falsch besetzte Arbeitsplätze bringen dem Arbeitgeber weniger ein – die betreffenden Arbeitnehmer denken eher an persönliche, individualistische und immaterielle Werte, was leicht zu Lasten der Effektivität des Unternehmens gehen kann.

PFLICHT VS. SELBSTVERWIRKLICHUNG

Wichtig im heutigen Arbeitsmarkt ist Folgendes:

- Die Entwicklung in Richtung auf Selbstverwirklichung sollte nicht als vorübergehender Trend oder als Respektlosigkeit gegenüber traditionellen Werten gesehen werden. Das Selbstverwirklichungsstreben ist eher, wie in den vorigen Kapiteln beschrieben, eine Folge unserer gesellschaftlichen Entwicklung. Die alten Zeiten werden nicht wiederkehren.

- Selbstverwirklichung wird aufseiten des Arbeitnehmers als ein Erfolgsfaktor betrachtet – wenn wir das nicht so sehen, die Konkurrenz aber sehr wohl, dann verlieren wir an Arbeitgeberattraktivität.

- Die Möglichkeiten zur Selbstverwirklichung des Arbeitnehmers und der gleichzeitigen Effektivitäts-, Kultur- und Imageverbesserung für das Unternehmen sollten identifiziert werden, um ein solides Fundament für das Personalmanagement und Einstellungsstrategien zu schaffen.

Selbstverwirklichung für einen Arbeitnehmer auf Kosten des Unternehmens sollte natürlich vermieden werden. Es gibt jedoch zahlreiche Möglichkeiten, eine Kombination aus Selbstverwirklichung und Verbesserungen für das Unternehmen zu kreieren: eine Kultur, die dem einzelnen Mitarbeiter Mut macht, Inspiration vermittelt und Werkzeuge an die Hand gibt, neue Wege zu gehen und gleichzeitig alte, weniger produktive Strukturen und Arbeitsmethoden zu eliminieren. So wird der Arbeitgeber auch an Image und Attraktivität gewinnen.

Um sich im heutigen Arbeitsmarkt profilieren zu können, ist die Arbeitgebermarke erwiesenermaßen sehr wichtig. Untersuchungen zeigen auch, dass Menschen dazu tendieren, Beziehungen zu Marken ähnlich wie zu anderen Menschen zu entwickeln.[23] Die Forschung zu *Markenpersönlichkeiten* (Brand Personalities) versucht, die Persönlichkeit einer Marke zu beschreiben. Aaker schlägt folgende fünf Dimensionen einer Markenpersönlichkeit vor[24]:

---

23 Aggarwal (2004); Fournier (1998); Muniz & O'Guinn (2001).
24 Aaker (1997).

MARKENPERSÖNLICHKEIT

1. Ernsthaftigkeit/Aufrichtigkeit (Sincerity): bodenständig, ehrlich, heilsam, fröhlich

2. Erregung/Begeisterung (Excitement): wagemutig, geistreich, fantasievoll, auf dem neuesten Stand

3. Kompetenz (Competence): zuverlässig, intelligent, erfolgreich

4. Modernität (Sophistication): niveauvoll, weltläufig, bezaubernd

5. Robustheit (Ruggedness): zäh, unempfindlich

Es gibt außer Aakers Modell weitere Modelle mit alternativen Dimensionen. Wichtig ist die Einsicht, dass eine Arbeitgebermarke auch als Persönlichkeit betrachtet werden kann. Jede Markenpersönlichkeit ist aus Charakterzügen der Marke abgeleitet. Für die Generation Y ist diese Denkart selbstverständlich: Die Wahl des Arbeitgebers – wenn es denn eine gibt – hat, über die Vernunft hinaus, in beträchtlichem Ausmaß mit Faktoren zu tun, die sich eher als Gefühle, Persönlichkeiten und Werte analysieren und erklären lassen.

Eine Untersuchung von Faktoren, die für die Generation Y die Attraktivität eines Arbeitgebers bestimmen, zeigt, dass Faktoren, die von Selbstverwirklichung abzuleiten sind, als sehr wichtig empfunden werden. „Entwicklungsmöglichkeiten", „Die Arbeit macht Spaß" und „Interessante Arbeitsaufgaben" werden von mehr als 60 Prozent der befragten Personen als „sehr wichtig" gesehen. Jobsicherheit und Image der Arbeitgebermarke sind auch wichtig. Die Möglichkeit, mit alten Freund(inn)en zu arbeiten, wird als relativ unwichtig betrachtet: Einige Unternehmen gehen den Weg, Gruppen von fünf bis zehn Personen derselben Ausbildung – Klassenkameraden – gleichzeitig zu beschäftigen.

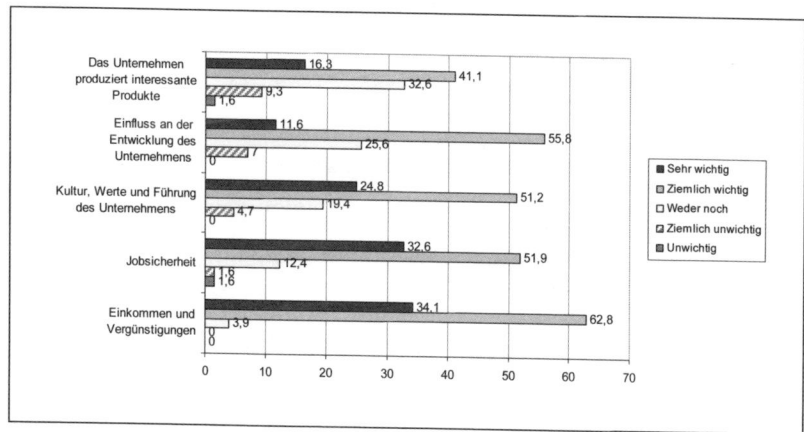

Abbildung 3.3a: *Faktoren zur Bestimmung der Attraktivität der Arbeitgeber,*
Angaben in Prozent. Quelle: Employer Branding Fragebogen

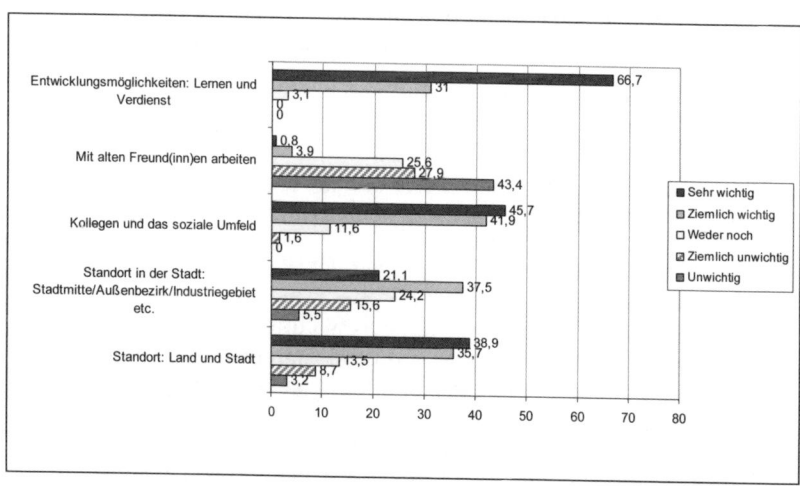

Abbildung 3.3b: *Faktoren zur Bestimmung der Attraktivität der Arbeitgeber.*
Angaben in Prozent. Quelle: Employer Branding Fragebogen

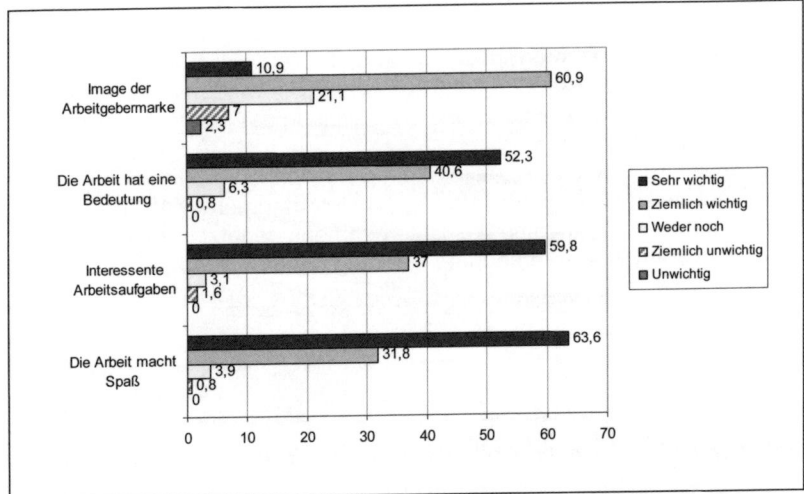

Abbildung 3.3c: *Faktoren zur Bestimmung der Attraktivität der Arbeitgeber.*
Angaben in Prozent. Quelle: Employer Branding Fragebogen

Checkliste

☑ Wie hat sich Ihr Unternehmen in den letzten Jahrzehnten in Bezug auf die in diesem Kapitel beschriebenen Veränderungen der
Gesellschaft entwickelt?

☑ Wie präsentiert sich das Unternehmen? Wie sieht es mit Informationsstrategien, Medienarbeit etc. aus? Hier können Gefühle genutzt werden.

☑ Werden emotionale Aspekte von Produkten und Arbeitgebermarke verwendet und kommuniziert? Das könnte die Wirtschaftlichkeit fördern.

☑ Kennt das Unternehmen die sozialen Netzwerke der Mitarbeiter?

☑ Welche neuen Methoden bezieht das Unternehmen in seine
Kommunikatlon ein? Erwägen Sie, neue Kommunikationsmethoden zu verwenden?

☑ Welche Kommunikationskanäle werden heute weniger als früher
benutzt?

☑ Ist es gut, Selbstverwirklichung in der Arbeit zu verfolgen? Welche Möglichkeiten für Selbstverwirklichung gibt es aufseiten der
Arbeitnehmer?

- ☑ Wie können die Möglichkeiten zur Selbstverwirklichung den Mitarbeiter motivieren und zur Effizienz im Unternehmen beitragen?
- ☑ Welche Kosten bringt Selbstverwirklichung der Mitarbeiter für das Unternehmen?
- ☑ Inwiefern gelten D. A. Aakers fünf Dimensionen der Markenpersönlichkeit als Beschreibung für Ihr Unternehmen? Wie kann das Ergebnis im Marketing des Unternehmens genutzt werden?
- ☑ Was kann das Unternehmen in Bezug auf die Faktoren anbieten, die für die Generation Y die Attraktivität eines Arbeitgebers bestimmen?

Handlungsempfehlungen

Durchdachte Strategien für die Unternehmensdarstellung: Je mehr sich junge Leute von emotionalen Aspekten leiten lassen, desto wichtiger ist es, dass sich das Unternehmen gut präsentiert. Die emotionale Seite sollte aber nicht übertrieben werden – das würde weder von der Generation Y noch von Älteren geschätzt werden. Sachlichkeit und Fakten müssen immer die Grundlage für die Unternehmensdarstellung bilden. Das mag als eine unmögliche Kombination erscheinen, ist es aber nicht: Es geht darum, die Attraktivität des Unternehmens rational ebenso wie emotional zu fundieren. Ästhetik, Architektur und Design sind gefordert, funktionale Ansprüche zufriedenzustellen und gleichzeitig Emotionen zu wecken.

Selbstverwirklichung in der Arbeit ist gut sowohl für den Arbeitnehmer wie auch für den Arbeitgeber. Grenzen müssen aber gesetzt werden: Während Selbstverwirklichung ein sehr wichtiges Lebenskriterium für die Generation Y ist, ist dieser Aspekt für den Arbeitgeber in erster Linie von Vorteil, solange die Möglichkeiten zur Selbstverwirklichung den Mitarbeiter inspirieren und zur Effizienz im Unternehmen beitragen. Ein zufriedener Mitarbeiter leistet mehr. Zu große Möglichkeiten der Selbstverwirklichung könnten jedoch zu unnötigen Kosten, Abwesenheit und mangelnden Arbeitsleistungen führen. Schließlich sollten gewisse Wünsche im Leben in erster Linie im Privatleben realisiert werden.

Präferenzen vor allem junger Mitarbeiter – Generation Y und Berufsanfänger – sollten zu jeder Zeit beachtet und bewertet werden. Es ist sehr wichtig, dass ein Arbeitgeber über die Entwicklung der Präferenzen auf dem Laufenden bleibt. Die Darstellung des Unternehmens als Arbeitgeber kann aber kaum ausschließlich auf Präferenzdaten basieren. Erstens gibt es kaum ein Unternehmen, dessen Geschäftsmodell genau mit Arbeitnehmerpräferenzen übereinstimmt – ein gewisses Spannungsverhältnis zwischen den Interessen des Arbeitgebers und denen des Arbeitnehmers wird es immer geben. Zweitens sollte ein Unternehmen vermeiden, Aspekte, die wenig Substanz haben, zu kommunizieren. Schließlich ist es besser, sich weniger attraktiv darzustellen, als Versprechungen zu machen, die nicht erfüllt werden können. Die Richtung ist allerdings klar – wo immer möglich, sind die Präferenzen des Arbeitgebers mit denen der Mitarbeiter bzw. Kunden in Übereinstimmung zu bringen.

4. Arbeitsmarkt und Karriere

In diesem Kapitel werden die Entwicklung des Arbeitsmarktes sowie die Wechselwirkung zwischen Arbeitgeber und Arbeitnehmer anhand aggregierter Kriterien untersucht. Der Eintritt der Generation Y in den Arbeitsmarkt führt zu einem größeren Gewicht aufseiten des Arbeitnehmers, was für den Arbeitsmarkt und für die Art und Weise, wie er funktioniert, von großer Bedeutung ist. Das Zusammenspiel und das Kräfteverhältnis zwischen Arbeitgeber und Arbeitnehmer werden thematisiert und analysiert.

Der Arbeitsmarkt befindet sich in einem ständigen Wandel, und einmal werden Talente dringend gesucht, ein anderes Mal führt eine Konjunkturflaute wie im Jahre 2009 zu einem Überschuss an Arbeitnehmern. Überschüsse betreffen aber die verschiedenen Berufs- und Altersgruppen ungleich, und je mehr Marktkräfte den Arbeitsmarkt koordinieren, desto größer sind die Erfolgschancen für die Generation Y. Diese Generation ist an eine leistungsorientierte Gesellschaft gewöhnt und weiß, wie Jobangebote, Kompetenzen und Macht im Arbeitsmarkt entstehen und koordiniert werden.

Viele Baby Boomer werden in den kommenden Jahren in den Ruhestand treten, und viele Arbeitnehmer aus der Generation Y werden sie ersetzen. In relativ kurzer Zeit wird ein umfangreicher Generationswechsel vollzogen.

In dem zukünftigen Arbeitsmarkt wird die Generation Y einflussreich sein, gegebenenfalls auch den Ton angeben. Manche bezweifeln, dass die Generation Y in notwendigem Umfang Energie und Motivation hat, sich einen Platz im Arbeitsmarkt dauerhaft zu sichern.[25] Andere wiederum meinen, dass die Generation Y eine wertvolle Ressource für die Wirtschaft ist: Tulgan und Martin argumentieren, dass die

---

25 Vgl. Åhlander (2004).

3. TULGAN

Generation Y nicht nur die ehrgeizigste, sondern auch die findigste und weltläufigste amerikanische Generation überhaupt ist.[26] Ein hoher Nutzen ihrer Integration in den Arbeitsmarkt setzt aber voraus, dass man die Generation Y kennenlernt, was ja nicht allzu schwierig ist. Die meisten Menschen aus der Generation Y sind offen und sozial. „Erwarten Sie das Beste von der Generation Y, und das ist das, was Sie bekommen!"[27]

4.1 Der Arbeitsmarkt in der Ära der Generation Y

Die wichtigsten Veränderungen des Arbeitsmarktes in der Ära der Generation Y werden im folgenden Abschnitt beschrieben. Es handelt sich um eine Reihe von wesentlichen Veränderungen im heutigen Arbeitsmarkt, deren Gemeinsamkeiten darin bestehen, dass sie Unternehmen unter Druck setzen, ihre Jobangebote, das Arbeitsumfeld, die Entwicklungsmöglichkeiten und das Image als Arbeitgeber noch attraktiver zu machen.

Traditionen, die vorher stark und einflussreich waren, aber wenig oder gar nicht zur Konkurrenzfähigkeit beitragen, *verlieren erheblich an Einfluss*. Unternehmen können sich nicht mehr leisten, Traditionen aufrechtzuerhalten, falls diese nicht zum Erfolg beitragen.

Die Arbeit, und das Arbeiten im Allgemeinen, sollte die *Selbstverwirklichung befördern* und wird immer *weniger als Pflicht* betrachtet.

Ein *hoher Lebensstandard* und damit verknüpfte Erwartungen an den Spaß-Faktor auf allen Lebensebenen könnten zu *Frustration am Arbeitsplatz* führen, weil ältere Kollegen andere Erwartungen hegen und andere Prioritäten gesetzt haben. Die Generation Y ist verwöhnt und gewohnt, Geld für Ferien, Kleidung und Spaß zu haben, ohne dafür

---

26   Tulgan & Martin (2001).
27   Nach Tulgan & Martin (2001).

hart arbeiten zu müssen. Harte Arbeit kann man leisten, dafür erwartet man aber auch „gutes Geld" und einen noch höheren Lebensstandard.

Identität, Image und soziale Netzwerke spielen eine immer größere Rolle bei der Arbeitssuche, d. h., der Prozess der Anwerbung von Arbeitskräften sieht anders aus: Aufseiten des Arbeitnehmers sind andere Werte gefragt als diejenigen, die für den Arbeitgeber die Hauptrolle spielen und von ihm kommuniziert werden. Und manche Arbeitgeber gehen das Risiko ein, sich falscher Kommunikationskanäle zu bedienen, falsche Botschaften zu kommunizieren und – was in Zeiten großer Imagebetonung problematisch ist – mit Leuten, die die Generation Y nicht ansprechen, Mitarbeiter anzuwerben. Zudem müssen Unternehmen die wachsende Rolle von sozialen Netzwerken verstehen: Soziale Netze werden immer wichtiger als Kommunikationskanäle für Jobangebote, aber auch als Erfolgsfaktoren für den einzelnen Mitarbeiter. Wer Zugang zu den adäquaten sozialen Netzwerken hat, wird als Angestellter mehr Erfolg haben und es einfacher finden, Kenntnisse zu erwerben, Güter und Dienstleistungen zu beschaffen und zu verkaufen sowie Neuigkeiten zu kommunizieren. Das ist allerdings eine bemerkenswerte Entwicklung: Wer hätte vor ein paar Jahrzehnten geglaubt, dass es dereinst allgemein akzeptiert würde, soziale Netzwerke für Verkauf, Absatz und Kenntnis-Erwerb zu nutzen?

Die Loyalität der Arbeitnehmer ist rückläufig und Unternehmen müssen die Mechanismen, die das bewirken, verstehen. Der Arbeitsmarkt teilt immer mehr Merkmale mit den Verbrauchermärkten. *Die Menschen verhalten sich zunehmend individualistisch und leistungsorientiert.* Sie sehen sich dazu gezwungen, um im Arbeitsmarkt konkurrenzfähig zu bleiben.

Die Zurruhesetzung der Babyboom-Generation wird zu erheblichen Veränderungen in der Art und Weise, wie Arbeit geplant, organisiert und ausgeführt wird, führen. Die von den Baby Boomern und ihren Vorgängern eingeschlagenen Wege, die Aufmerksamkeit potenzieller

Mitarbeiter auf ihre Unternehmen zu ziehen, diese anzuwerben und dauerhaft an die Unternehmen zu binden, werden in Frage gestellt, ebenso die Organisation der Arbeit.

Je stärker die europaweite bzw. globale Herkunft und die Umweltorientierung der vorhandenen und potenziellen Mitarbeiter ausgeprägt sind, desto besser muss sich das Unternehmen über *Veränderungen im Umfeld* informieren. Besonders jüngere Menschen können bequem, ungezwungen und effizient über kulturelle Grenzen hinweg denken und kommunizieren, woraus sich auch eine Vielfalt von Inputs ergibt, wie Arbeit dargestellt und organisiert werden kann. Die Generation Y kommuniziert gerne Wünsche und Ansprüche an den Arbeitgeber, um die Qualität der Arbeit verbessern zu können.

Arbeitszeit in Veränderung[28]: Dienststunden und Wochenarbeitszeit werden immer flexibler, und immer mehr Menschen arbeiten zuhause abends oder am Wochenende. Es ist keinesfalls so, dass Arbeitsplätze mit stundenmäßig fixierter Arbeitszeit von dieser Entwicklung nicht betroffen wären. So gibt es z. B. Krankenhäuser, wo die Mitarbeiter selber ihre Dienststunden planen. Ergebnis: Vorher war von Flexibilität wenig zu spüren, und Mitarbeiter haben sich häufig über ungünstige Arbeitszeiten beklagt. Nachdem sie nun selber planen dürfen, gibt es wenig Anlass zu Kritik. Selbst in vormals konfliktträchtigen Situationen, wie Planung der Weihnachts- und Osterwochen, funktioniert diese Verfahrensweise, weil es immer einige Mitarbeiter gibt, die gerne in dieser Zeit arbeiten. Je größer die demografische und kulturelle Vielfalt der Arbeitsplätze in einem Unternehmen ist, desto größer ist die Wahrscheinlichkeit, dass immer Mitarbeiter da sind, die mittwochabends, am 1. Weihnachtsfeiertag oder alle zwei Wochen samstagabends arbeiten können. Manche Menschen arbeiten gerne intensiv zwei Wochen hintereinander, um dann eine Woche frei zu haben, andere arbeiten gerne montags bis donnerstags viele Stunden, um dann ein verlängertes Wochenende im italienischen Sommerhaus verbringen zu können.

---

28 Gesetzliche Begrenzungen zu Arbeitszeiten können diesen Prozess verhindern.

Flexible Arbeitszeiten sind Ausdruck einer neuen Orientierung in der *Kontrolle und Bewertung der Mitarbeiter:* Vorher herrschte das Seniorenprinzip vor: Wer älter ist, hat Vorrang, unabhängig von der Leistung. Jetzt gelten andere Prinzipien: Leistungen und Ergebnisse zählen zunehmend. Wer älter und erfahrener ist, hat noch eine Vorrangstellung, vorausgesetzt, seine Erfahrungen sind von Relevanz für die vorliegende Situation. Alter an sich kann den Erfolg im Arbeitsleben nicht mehr gewährleisten. Erfahrene Mitarbeiter sind allerdings nach wie vor wertvoll, seien sie nun 50, 60 oder eben 70 Jahre alt.

Neue Familienstrukturen – weniger traditionelle Familienverbände, mehr alternative Lebensgemeinschaften – tragen ebenfalls zu dieser Entwicklung bei: Neue Familienkonstellationen folgen nicht immer dem 8-bis-17-Uhr-Rhythmus. Und auch in traditionellen Familien gibt es Veränderungen. So sind z. B. Männer in vielen Länder zunehmend für die Betreuung der Kinder – Abholen vom Kindergarten, Pflege im Krankheitsfall etc. – mitverantwortlich, so dass nicht ausschließlich Frauen zu spät oder gar nicht zur Arbeit kommen, wenn Kinder krank sind oder zum Doktor müssen.

Kürzere und intensivere Karriere: Wir investieren mehr und mehr Zeit in die Ausbildung, aber wir wollen nicht notwendigerweise später in den Ruhestand treten. Während der verbleibenden Lebensarbeitszeit gibt es folglich mehr Druck, Karriere zu machen und möglichst viel Geld zu verdienen. Menschen müssen einfach das Lebenseinkommen in einem kürzeren Zeitraum erarbeiten, und sie wollen – vielleicht anders als ihre Eltern – gerne viel Geld als gesunde und erlebnishungrige Rentner ausgeben können.

Kunden bewerten Mitarbeiter, was einerseits zu einer erhöhten Kundenorientierung führt – das ist nicht unbedingt immer von Vorteil, da Mitarbeiter im Wissen um dieses „Ranking" dem Nebensächlichen zu viel Priorität einräumen könnten. Andererseits führt das auch zu einer Marktexposition des Mitarbeiters. Letzteres macht für das Management deutlich, welche Mitarbeiter von den Kunden geschätzt werden, und welche nicht. Für leistungsschwächere Mitarbeiter wird die Situation immer komplizierter, weil es für die von Kunden hoch geschätzten Mitarbeiter einfach wird, dem Management des Unternehmens ihre Fähigkeiten zu zeigen. Und tüchtige Mitarbeiter wissen auch, wie sie von ihrem Marktwert als Arbeitnehmer Gebrauch machen können.

In vielen Ländern sind *staatliche Eingriffe in die Karriere* der einzelnen Bürger rückläufig, d. h., die Menschen müssen selber mehr Verantwortung für ihre berufliche Laufbahn übernehmen. Staatliche Organisationen und andere Unternehmen geraten immer mehr unter Druck, talentierte und engagierte Mitarbeiter zu gewinnen, weil die Transparenz größer wird und die Effizienz der öffentlichen Organisationen in Frage gestellt wird. Eine gute Ausbildung an einer staatlichen Universität ist nicht mehr eine Garantie für einen guten Job, und die Absolventen sind für ihre eigene Karriere und persönliche Entwicklung selbst verantwortlich.

Gewerkschaften betonen zunehmend die Fortbildung ihrer Mitglieder, um sich in Zeiten veränderter Bedingungen anpassen und die Konkurrenzfähigkeit aufrechterhalten zu können, statt auf dem Status quo zu beharren.

In der *Wertschöpfung* sinken Produkt-Kosten für Material, Herstellung etc., weil das Emotionale, das nicht Greifbare und *das Erlebnisorientierte einen immer höheren Teil ausmachen.* In der Herstellung sind Mitarbeiter meistens austauschbar, und gegebenenfalls können auch Maschinen teure Manpower-Stunden ersetzen. Besonders in Verbrauchermärkten wird die Attraktivität für die Kunden durch gute Mitarbeiter vermittelt. Dienstleistungen erfordern Menschen, die die Marke mögen und gut repräsentieren – als *Brand Ambassadors* auftreten, wie man heutzutage sagt.

Jobangebote werden schneller und zielsicherer vermittelt, was durch neue Vermittlungs- und Kommunikationskanäle ermöglicht worden ist.

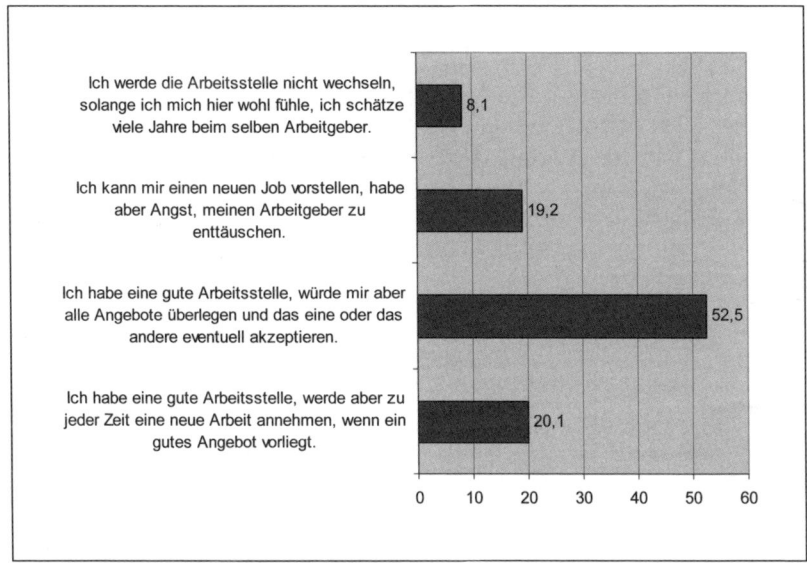

Abbildung 4.1: *Warum die Arbeitsstelle gewechselt wird. Angaben in Prozent. Quelle: Employer Branding Fragebogen.*

4.2   Weniger Loyalität – Arbeit als Konsum

Immer weniger junge Menschen wollen ein Arbeitsleben lang bei ein und demselben Unternehmen arbeiten. Diese Entwicklung ist für Partnergesellschaften, zum Beispiel Rechtsanwälte und Prüfungsgesellschaften, sehr problematisch. Das Prinzip der Partnergesellschaft ist aus Arbeitnehmersicht klar: Talentierte Mitarbeiter können nach vielen Jahren (oft 15 bis 20) als Partner angenommen werden – vorausgesetzt, man kann Firmentreue und Loyalität vorweisen und hat hart gearbeitet. Als Partner verdient man sehr gut, muss aber meistens dem Unternehmen treu sein, weil man kaum andere Arbeitgeber findet, die das Gehalt überbieten könnten. Hier liegt das Problem: Viele Jahre (15 bis 20) unterbezahlt zu arbeiten, dann als Partner „überbezahlt" zu werden, das bedeutet de facto, man kann Abwechslung und

Weiterentwicklung eben nicht durch den Wechsel zu einem neuen
Arbeitgeber erreichen. Die Möglichkeit für Abwechslung im Arbeitsalltag ist nur gegeben, wenn der Arbeitgeber Auslandsaufträge, Kunden in vielen Branchen und eine breite Palette von Dienstleistungen
zu bieten hat. 88 Prozent der 80er-Generation zögern bei der Entscheidung, sich für ein Engagement bei einer Partnergesellschaft zu
entscheiden.

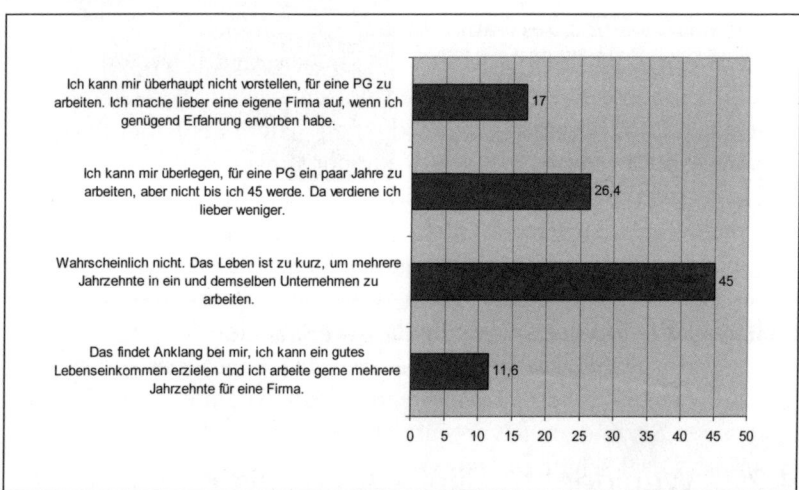

Abbildung 4.2:   *Generation Y: Mehr als 88 Prozent zögern, für eine Part-*
nergesellschaft (PG) zu arbeiten. Angaben in Prozent.
Quelle: Generation Y-Fragebogen.

4.3   Jobposition und Hierarchien

– Von „Einen Job besetzen" zu „Die richtige Person finden" –

Einst gab es deutliche hierarchische Organisationsstrukturen, die per-
sonell besetzt waren. Dies gilt mehr oder weniger auch heute noch,
verändert sich aber bereits deutlich. Unternehmen unter kräftigem

Kostendruck, neue Unternehmen und ansatzweise auch große etablierte Unternehmen organisieren sich vermehrt durch reale und virtuelle Projektorganisation, befristete Anstellung, Outsourcing von Aktivitäten etc. Ein Controller oder Wirtschaftsprüfer muss heute eine breite Palette von Arbeitsaufgaben ausführen können und profitiert durch Kompetenzzuwachs von guter Umweltorientierung und großen sozialen Netzwerken. Ein Makler muss immer wissen, wie Kunden denken, und Preisvergleiche anstellen: Wie sieht ein typischer und spezifischer Kaufprozess aus? Lehrer müssen bereit sein, erhöhte Anforderungen an das Feedback von Schülern und Eltern zu vermitteln. Ein erhöhter Anteil von Dienstleistungen am wirtschaftlichen Geschehen trägt stärker als die Produktion materieller Güter dazu bei, dass mehr und mehr Arbeit in Projekten organisiert wird. Die Art und Weise, wie die Arbeit durchgeführt wird, ändert sich, und tiefgehendes Fachwissen ist keine Garantie für Erfolg im Arbeitsmarkt mehr. Tiefgehendes Fachwissen kann sogar als unzureichend gelten, um die Arbeit zufriedenstellend ausführen zu können. Natürlich gibt es noch viele Jobs für Programmierer, Ingenieure und einige andere, die auf eine berufliche Spezialisierung bauen. Man kann aber nicht mehr generell sagen, dass eine tiefgreifende Spezialisierung vorteilhaft ist, auch wenn Soziologen davor warnen, dass die erhöhte Kenntnismenge in der Gesellschaft zu einer Veroberflächlichung führen könnte.[29] In vielen Fällen gilt eher das Gegenteil.

4.4   Anspruchsvolle Arbeitnehmer verschieben die Machtbalance

Mit der Generation Y wird die Entwicklung von einem ungleichen Kräfteverhältnis zu einem ziemlich ausgewogenen Gleichgewicht zwischen Arbeitnehmer und Arbeitgeber vollzogen.

---

29   Vgl. Lyttkens (1991, 1994).

Gewerkschaften als Interessenorganisationen lohnabhängiger Arbeitnehmer entstanden zuerst (um 1770) in England und mit der Entwicklung des Industriekapitalismus im 19./20. Jahrhundert weltweit verbreitet, haben sie die Machtüberlegenheit des Arbeigebers über den
Arbeitnehmer nie völlig aufheben, das Gleichgewicht zwischen beiden Seiten nie ganz erreichen können. In harten Interessengegensät-
zen zwischen Arbeit und Kapital hatten die großen, reichen und
mächtigen Arbeitgeber meistens das Schlusswort – und haben es in
der Regel auch heute noch. Dieses Machtverhältnis könnte sich aber
bald ändern.

Die neue Generation ist nicht nur in der alltäglichen Kommunikation,
sondern auch in ihren Beziehungen zum Arbeitgeber direkter: Ansprüche und Anforderungen nehmen zu, und sie werden deutlicher
durch direkte Kommunikation. Diese Entwicklung hat eine positive
Seite. Wer plant, in drei Jahren einen Job bei einem Konkurrenten zu
suchen, oder vorhat, eine eigene Firma zu gründen, tendiert dazu, mit
seinen Absichten nicht hinterm Berg zu halten, sondern offen darüber
zu reden. Wer die Arbeitsbedingungen schlecht findet, beklagt sich
nicht nur bei Kollegen, sondern auch beim Chef. Wer unzufrieden ist
und eine Lösung innerhalb des Unternehmens nicht findet, wird
schneller einen neuen Job suchen. Diese Direktheit der Kommunikation schafft mehr Marktkräfte und weniger Gejammer, was auf längere Sicht für jeden Arbeitgeber nur von Vorteil sein kann.

Wer querdenkt, kommt in vielen Fällen auf Lösungen, die vor ihm ein
fokussierter Spezialist nicht gefunden hat. Der Beitrag der Generation Y zu Veränderungen im Arbeitsmarkt wird inspiriert nicht nur von
Unternehmen, die unter hohem Konkurrenzdruck operieren, sondern
auch von der Unterhaltungsindustrie und aus anderen Kontexten.
Multi-Stars hinterlassen einen Eindruck vom überweltlichen Super-
menschen, der nicht nur in *einem* Kontext der König ist, sondern in
mehreren Kontexten.

Warum ist diese Art der Entwicklung entstanden? Die Generation Y
ist an schnelles und direktes Feedback, schnelle Lösungen, direkte
Kommunikation und viele Alternativen gewöhnt. Wer vor einigen
Jahrzehnten aufgewachsen ist, wurde nicht, wie heute, Ziel der

Marktkommunikation von Arbeitgebern. Zwar gab es Informationen über Arbeitsbedingungen, Vergütung, Karrieremöglichkeiten etc., sie waren aber meist nicht so deutlich wie heute. Wer heute studiert, wird informiert und informiert sich. Das gilt vor allem für Studienfächer wie Jura, Betriebswirtschaftslehre oder Technik, welche im Arbeitsmarkt besonders begehrt sind (für diese Studentengruppen wird besonders viel in Employer Branding Aktivitäten investiert), in geringerem Ausmaß auch für andere Studienfächer. Und bedingt werden auch bereits Gymnasiasten anvisiert.

„Als letztes Jahr ein 24-jähriger Verkäufer in einem Autohaus wegen schlechter Leistung seinen jährlichen Bonus nicht erhielt, kreuzten seine Eltern im regionalen Hauptquartier des Unternehmens auf, setzten sich dort vor das Büro des Geschäftsführers und weigerten sich fortzugehen, bis sie eine Unterredung hatten."[30]

Ein Beispiel aus den USA – wird uns so etwas bald auch in Europa zustoßen?

4.5 Neue Karrierestrategien

Die Generation Y bringt neue Karrierestrategien in den Arbeitsmarkt, die nicht nur beinhalten, dass man den Arbeitsplatz öfter wechseln will, sondern auch bedeuten, dass es schwieriger wird, die berufliche Laufbahn vorauszusehen – schwieriger sowohl aus der Sicht des einzelnen Mitarbeiters wie auch, anhand aggregierter Kriterien, aus Sicht des Unternehmens.

In der Studienzeit erwerben junge Menschen eine Einstellung, gemäß derer die Bereitschaft zur Veränderung und zum Jobwechsel eine Selbstverständlichkeit ist – wer erfolgreich sein will, sollte in den ersten zehn Jahren nach Abschluss des Studiums für mehrere Arbeitgeber, oder zumindest in mehreren Arbeitsstellen, arbeiten. Andern-

---

[30] Von „Scenes from the Culture Clash", Fast Company, January 2006.

falls können sie als unflexibel auf dem Arbeitsmarkt betrachtet werden, was dazu führt, dass es zunehmend schwierig wird, ein neues, attraktives Angebot zu bekommen. Das Gleiche gilt für junge Berufstätige, die attraktiv für den Arbeitsmarkt sein wollen.

Die Generation Y kennt einen Druck aus dem sozialen Umfeld, auf dem Arbeitsmarkt attraktiv zu bleiben, indem man ständig neue Erfahrungen sammelt. Die folgende typische Aussage kommt von einer 26-jährigen Frau; sie lebt und arbeitet in einer kleineren Stadt mit 70.000 Einwohnern und einer begrenzten Auswahl an neuen Arbeitsplätzen:

„Ich bin vier Jahre beim gleichen Arbeitgeber, seitdem ich als 22-Jährige das Studium abgeschlossen habe. Vier Jahre, das hebt mich wirklich hervor. Ich arbeite gerne hier, und ich mag meinen Arbeitgeber, aber ich kann meinen Freunden die Einstellung nachfühlen: nach vier Jahren immer noch an der gleichen Stelle?!"

4.6   Der Karriere-Chancen bewusst

„Ein 22 Jahre alter pharmazeutischer Angestellter erfuhr, dass er die Beförderung, die er im Visier hatte, nicht erlangt. Das Harvard-Diplom hatte alles, was er gemacht hatte, als ausgezeichnet bewertet, so dass er durch die Neuigkeit bestürzt war. Seine Eltern waren überzeugt, dass es irgendein Missverständnis gab – und irgendeinen Weg, dass sie das ausbessern könnten, weil sie zuvor in der Lage gewesen waren, alles auszubessern. Seine Mutter rief die Personalabteilung am nächsten Tag an. Siebzehnmal."[31]

Dieses Zitat stammt aus den USA; es kann, und sollte das auch, als extrem betrachtet werden. Doch die Tendenz ist klar, und wir sehen mehr und mehr von dieser Haltung in den meisten Ländern. Die Generation Y wird allenthalben mit Erfolgsgeschichten in vielerlei Kon-

---

31   „Scenes from the Culture Clash", Fast Company, January 2006.

texten – in der Schule, im Vereinswesen, in sozialen Netzwerken etc. – in Zusammenhang gebracht. Das führt leicht zu überhöhten Ansprüchen, worauf der Arbeitgeber sich tunlichst einstellen sollte. Hohe Ansprüche, soweit sie nicht tatsächlich überhöht sind, haben aber durchaus positive Auswirkungen (vgl. oben die Diskussion zum Thema ‚Konkurrenz').

Jedes Unternehmen muss aktiv mit diesen neuen Bedingungen für die künftige Wettbewerbsfähigkeit umgehen. Für frühere Generationen verlief das Karriere-Muster meistens linear, nicht so für die Generation Y. Die Generation Y hat eine andere Haltung zu Lebenslauf und Karriere, sozusagen ein nichtlineares Muster. Es geht nicht um Fortschritte im herkömmlichen Sinne, d. h. typische Karriere-Muster in einem Unternehmen oder in einer Branche. Es geht um Fortschritt für den Einzelnen: Wer es sich leisten kann, drei Monate freizumachen, wird das im Interesse der Selbstverwirklichung auch tun. Mit der Familie im Winter zwei Monate nach Thailand fahren, dafür vielleicht nur zwei Wochen Sommerurlaub nehmen! Ein paar Monate für eine regierungsunabhängige Organisation oder für die Kirche arbeiten! Oder einfach nur ein Jahr Auszeit nehmen! Diese Veränderung des Karriere-Musters erfordert ein neues Denken des Personalmanagements: Für den Arbeitgeber ist es von großem Vorteil, wenn der Arbeitnehmer die erstrebte Selbstverwirklichung in die eigene Hand nehmen kann, und in vielen Jobs ist es möglich, einige Wochen Extraurlaub zu gewähren.

4.7 Eine immer größere Vielfalt wichtiger Dimensionen des Arbeitgeberangebots

Die Zahl der Aspekte, die vom Arbeitnehmer bei der Jobsuche in Betracht gezogen werden, wird immer größer. Eine Dimension, die für die Generation Y sehr wichtig ist, ist der Standort des Arbeitsplatzes. Es geht hier nicht nur um Alltagslogistik und Zugang zu Parkplätzen und öffentlichen Verkehrsmitteln, sondern auch um den

Zugriff auf Dienstleistungen, um Shopping-Möglichkeiten und um die Nähe zu Freunden in sozialen Netzwerken. Diese (Neu-) Orientierung spiegelt die Suche nach Erlebnissen auch im Arbeitsalltag wider. Diese Möglichkeiten sind in der Stadtmitte einfach leichter zu finden als in einem Industriegebiet. Sie sind in der Nähe von Einkaufszentren leichter zu finden als in weiter Entfernung davon, in einem Büro mit schönem Blick auf See und Gebirge leichter als im grauen Büro mit Parkplatz-Aussicht.

Mitarbeiter bevorzugen im Allgemeinen, dass der Arbeitsplatz nicht allzu weit von zuhause entfernt ist. Dementsprechend ist es auch leichter, talentierte Mitarbeiter zu gewinnen, wenn der Arbeitsplatz nicht allzu weit vom Wohnort des gewünschten Mitarbeiters liegt. Die talentiertesten, von manchen Unternehmen bevorzugten Menschen wohnen und leben oft in der Stadtmitte oder in einem Vorort hoher sozioökonomischer Standards.

Viele Unternehmen wissen nicht, wo ihre Kunden wohnen und leben, kennen ihre Präferenzen und was sie genießen kaum. Gleich schlecht kann es um die Kenntnisse bezüglich zukünftiger (und vorhandener) Mitarbeiter stehen. Um in der Zukunft konkurrenzfähig zu sein, müssen Unternehmen von Kunden und Mitarbeitern mehr wissen und auf diese Daten auch reagieren.

4.8   Wird informiert – und informiert sich

Kluge Arbeitgeber wissen, dass die Mitarbeiter den Unterschied in einer Gesellschaft von großer Konkurrenz ausmachen. Dementsprechend wird auch früh und bewusst mit den gewünschten Mitarbeitern kommuniziert.

Je mehr Aspekte eines Jobangebots die Arbeitnehmer kennen, desto höher sind die Ansprüche an den Arbeitgeber. Besonders an den großen Universitäten werden Studenten fast täglich von großen Unternehmen angesprochen: Gastvorlesungen, Messen, Werbung, Einladungen zu Events etc. Die Beziehungen zwischen Studenten und potenziellen Arbeitgebern während der Studienzeit machen die Absolvent(inn)en selbstbewusster, informierter und anspruchsvoller.

Die Generation Y *wird informiert:* Im Briefkasten, in E-Mails und Newsletters, in der Zeitung, in Magazinen, in Studentenzeitungen – überall gibt es Informationen und Werbung. Naomi Klein beschreibt in ihrem aufsehenerregenden Buch „No Logo"[32] die Entgrenzung der Markträume und wie die Marken zunehmend allgegenwärtig zu sein scheinen. Die Autorin führt Beispiele aus den USA[33] an, wie sie bei Erscheinen des Buches (2002) in Europa kaum zu erwarten waren. Heutzutage gibt es aber auch hier einige Beispiele, wie sie Klein aus Amerika beschreibt und kritisiert. In Europa schließen Universitäten ebenfalls Verträge, die zur Folge haben, dass auch Fachhochschul- und Universitätscampus von kommerziellen Informationen und Werbung gesättigt, wenn nicht gar überfrachtet werden. Anzahl und Ausdehnung nichtkommerzieller Zonen werden geringer – für ältere Menschen vielleicht ein Problem, die Generation Y nimmt davon kaum Notiz, denn sie ist daran schon gewöhnt.

Die Generation Y *informiert sich* und weiß auch, wie Informationen effizient beschafft werden können. Sie ist an eine hohe Informationsdichte gewöhnt, ist daher kaum gestresst von den vielen Informationen, die zur Verfügung stehen, und sie weiß, *wo, wann* und *wie* adäquate Informationen geschaffen werden (siehe Kapitel 6 zum Employer Branding).

Daraus folgt: Eine 20-, 25- oder 30-jährige Person weiß heute viel mehr über verschiedene Arbeitgeber, darüber, wo man arbeiten kann und was es ausmacht, spezifische Arbeitgeberangebote zu beurteilen

---

32 Klein (2002).

33 Naomi Klein ist Kanadierin und die Kritik richtet sich in erster Linie an amerikanische Unternehmen wie Coca-Cola, Nike, Marlboro, Microsoft, Starbucks und Tommy Hilfiger und deren Geschäftsmodelle. Die Kritik betrifft die Ansammlung von Kapital, den Verkauf von Image statt Produkten, sklavenartige Produktionsbedingungen in der Dritten Welt, Strategien für Lobby-Arbeit, Marketing und PR und die steigende Macht der Konzerne bzw. Entmachtung der Bürger.

sowie zu versuchen, eigene Wünsche im Arbeitsleben zu realisieren. Unternehmen müssen folglich, um ihre Wettbewerbfähigkeit zu erhalten, Angebote im Arbeitsmarkt attraktiver und deutlicher machen und sie auch adäquat kommunizieren.

Nachdem sich bereits in den letzten Jahrzehnten eine starke Individualisierung – als Gegensatz zum starken Kollektivismus in den 60er und frühen 70er Jahren, und bisweilen als Reaktion darauf – verbreitet hat, wird diese Entwicklung mit der Generation Y deutlich zunehmen: Hier kommt erneut eine Herausforderung auf große und starke Arbeitgeber zu – ähnlich wie zu Zeiten der Entstehung der Gewerkschaften, diesmal aber nicht durch ein Organisieren der Arbeitnehmer. Dieses Mal wird die Machtbalance zugunsten der Arbeitnehmer verschoben, weil Arbeitnehmer *auf individueller Basis, aber von derselben gesellschaftlichen Entwicklung geprägt und getrieben,* ihre Bedeutung und ihren Marktwert kennen und nutzen, um eine bessere Position im Arbeitsmarkt zu erreichen.

4.9 Selbstbewusst und fordernd – gut für die Entwicklung des Unternehmens

„Die älteren Generationen lebten, um zu arbeiten; die MeWes [80er und 90er Generationen] werden arbeiten, um zu leben."[34]

Angehörige der Generation Y wollen für Unternehmen arbeiten, die gute Werte repräsentieren und eine ansprechende Unternehmenskultur bieten können. Die Arbeit sollte bedeutsam sein und die persönliche Karriere fördern. Insgesamt werden viele Forderungen an den Arbeitgeber gestellt, der mit sozialer Verantwortung, Employer Branding, Organisationskultur, Karrierechancen und vielen anderen Faktoren aktiv arbeiten muss, um die neue Generation ansprechen zu können.

---

[34] Lindgren et al. (2005), S. 116.

Menschen, die der Generation Y angehören, wollen, dass die Arbeit
bedeutsam ist, nicht allein aus Gründen des eigenen Glücks, sondern
insbesondere auch, weil in ihrem Empfinden generell eine Abneigung
gegen das Sinnlose verwurzelt ist. Dinge, die ausgeführt werden, aber
keine Bedeutung haben; Aktivitäten, die ohne ersichtlichen Grund,
nur weil sie getan werden „sollen", weil es „Tradition" ist oder weil
„das halt so ist, wie man solche Dinge machen sollte" – solcherlei
Praxis wird von der Generation Y in Frage gestellt.

4.10 Neue und alte Konkurrenzperspektiven

Fordernde Arbeitnehmer setzen den Arbeitgeber unter Druck, ständig
besser und konkurrenzfähiger zu werden. Es gibt allerdings verschiedene Philosophien, wie Wettbewerbfähigkeit entsteht, und diese Philosophien können auch den Erfolg eines Unternehmens deutlich beeinflussen.

Was halten Sie von Konkurrenz?

a) Wenig, ich ziehe es vor, keine Konkurrenz zu haben. Ohne Konkurrenz lebe ich besser.

b) Viel, ich mag Konkurrenz, sie setzt mich unter Druck, ständig
besser zu werden, was meine Konkurrenzfähigkeit langfristig
fördert.

Grundsätzlich gibt es zwei Wege, sich zur Konkurrenz zu verhalten:
entweder sich vor Konkurrenz schützen oder sich bewusst konkurrenzintensiven Kontexten und Situationen aussetzen.[35] Erstere ist
eher eine reaktive Strategie, Letztere jedenfalls eine proaktive Strategie. Der Marketing-Theoretiker Michael Porter, Autor vieler Bücher
über Unternehmensstrategien, spiegelt in seiner Forschung zur Kon-

---

[35] Parment (2006a; 2008).

kurrenzfähigkeit eines Unternehmens die Entwicklung von einem traditionellen Blickwinkel, zu einer modernen, dynamischen Perspektive wider.[36] In den frühen Arbeiten – hauptsächlich in Titeln, die bis 1985 erschienen – behauptete Porter noch, dass Unternehmen sich vor Konkurrenz schützen sollen: Durch gute Positionierung und einzigartige Wettbewerbsvorteile, die nicht so einfach zu übertragen sind, können Firmen sich vor Konkurrenz schützen.[37] Ein modernerer und der heutigen Situation angemessenerer Weg, Konkurrenzfähigkeit aufzubauen, wird in Porters „The Competitive Advantage of Nations" (1990) vorgestellt: Hier geht es um die Bündelung von Feldern, auf welchen Unternehmen zusammenarbeiten, um die Cluster, in denen sie Kompetenzen teilen und austauschen. Es geht also darum, Netzwerke von Produzenten, Zulieferern, Forschungseinrichtungen (z. B. Hochschulen und Universitäten), Dienstleistern und Handwerkern zu kreieren. Idealerweise sollten solche Cluster über gemeinsame Austauschbeziehungen entlang einer Wertschöpfungskette gebildet werden. Die Mitglieder des Clusters stehen dabei durch Liefer- oder Wettbewerbsbeziehungen oder gemeinsame Interessen miteinander in Beziehung, wenn sich eine kritische Anzahl von Unternehmen in räumlicher Nähe zueinander befindet.[38] Dies hat zur Folge, dass die Menschen auch von der Mentalität her eine andere Einstellung zur Kompetenzteilung haben. Kompetenzaustausch und auch eine niedrigere Jobwechsel-Schwelle sind Faktoren, die den Arbeitgeber unter Druck setzen, eine attraktive Unternehmenskultur und ein positives Arbeitsumfeld zu bieten. Infolgedessen entsteht ein gemeinsames Interesse an lokal verfügbarem Personal und seiner Qualifizierung. Ein Jurist, der alleine in einem Umfeld arbeitet, wird etwas von der Entwicklung des Fachgebiets isoliert; ein Jurist, der in einem Cluster mit einer Vielfalt von juridischen Fragestellungen arbeitet, trifft regelmäßig Kollegen, frühere Kommilitonen etc. und gewinnt dadurch an Kompetenz, was dem Betreffenden Vorteile bringt sowie die Attraktivität des Arbeitsmarktes erhöht.

---

[36]   DeMan (1994); Porter (1980, 1985, 1990).
[37]   DeMan (1994).
[38]   Porter (1990).

Ein Cluster bringt Wettbewerbsvorteile aufgrund einer mehr oder minder großen Schnittmenge an gemeinsamen Interessen, aufgrund verbesserter Arbeitsteilung und des darin enthaltenen Kompetenzaustauschs. Unternehmen können sich auf ihre Kernkompetenz konzentrieren, während andere Kompetenzen bei Bedarf im Cluster verfügbar sind. Durch das implizite wettbewerbsrelevante Know-how, das sich im Cluster verbreitet, steigt die Innovationsfähigkeit des Clusters, wovon die beteiligten Unternehmen natürlich profitieren. Der Aufbau von Clustern kann auf diese Weise als aktive Innovationsförderung verstanden werden.

Die Analyse von Clustern beinhaltet mehr, als auf den ersten Blick deutlich wird. Die Generation Y begreift sich gewissermaßen als Teil eines Clusters: Soziale Netzwerke sind Teil des Kompetenzbereiches. Generation Y-Personen haben den Mut, irgendjemanden, der die gewünschte Kompetenz hat, zu befragen. Andere, die gute Leistungen erreichen, setzen mich unter Druck, besser zu werden; und daher werde ich auf die Dauer persönlich davon profitieren, Teil eines Clusters/Netzwerkes zu sein. Für einen Arbeitsplatz hat diese Einstellung wichtige Implikationen: Wer gerne mit Besseren zusammenarbeitet, um mehr zu lernen, trägt zu einer anderen Kultur bei als jemand, der nicht gerne sieht, dass andere, gleichaltrige Kollegen besser sind.

Alles in allem werden die Marktkräfte stärker, während einschränkende Faktoren, z. B. Unternehmenspolitik, Prämiensysteme – etwa um die Mitarbeiter an das Unternehmen zu binden – und Tradition an Macht verlieren. In einem zunehmend wettbewerbsorientierten und transparenten Umfeld haben Unternehmen sowie öffentliche Organisationen keine Möglichkeiten und Ressourcen mehr, Mitarbeiter für frühere Leistungen zu bezahlen. Das Hier und Jetzt zählt, und man kann davon ausgehen, dass die meisten Angehörigen der Generation Y ihre höchsten Jahreseinkommen in jüngerem Alter erreichen als zu ihrer Zeit deren Eltern.

4.11 Austauschbare und nicht austauschbare Mitarbeiter

Mitarbeiter gelten als austauschbar oder nicht austauschbar – eine Dichotomie, die einem Arbeitgeber helfen kann, in Zeiten talentierter, aber wenig loyaler Arbeitnehmer konkurrenzfähig zu bleiben. Ist es aber wirklich so einfach? Natürlich nicht, jeder Mitarbeiter trägt zur Leistung des Unternehmens bei, und keiner ist unersetzlich. Es gibt aber trotzdem Gründe, Mitarbeiter als austauschbar oder nicht austauschbar zu kategorisieren, bevor sie einen neuen Job suchen. Nach grober Schätzung machen die nicht austauschbaren Mitarbeiter einen Anteil von etwa fünf bis 20 Prozent der Belegschaft aus. Es sind Menschen mit einzigartigen Kompetenzen, mit Kundenbeziehungen, die einmalig sind, oder mit sonstigen Eigenschaften oder Kontakten, die schwer zu ersetzen sind. Die falsche Entscheidung unter Stress zu treffen, wird teuer und ineffizient für das Unternehmen: Die falschen Mitarbeiter zu behalten oder die besten zu verlieren, könnte katastrophale Auswirkungen haben. Es macht somit durchaus Sinn, die vorhandenen Mitarbeiter unter dem Aspekt „austauschbar/nicht austauschbar" zu kategorisieren – wenn sie/er einen neuen Job sucht und den Verhandlungsprozess startet, wissen wir als Arbeitgeber schon, wie mit dem/der Arbeitnehmer(in) verhandelt werden sollte.

In den 80er Jahren wurde Citibank als „Harvard auf Rädern" bezeichnet[39], weil junge Menschen, die dort zu arbeiten anfingen, eine umfassende Ausbildung umsonst bekommen und danach einen neuen Job gefunden haben. Eine solche Situation sollte natürlich vermieden werden.

Ein Unternehmen muss immer darauf eingestellt sein, dass Mitarbeiter einen neuen Job suchen. Und die Suche nach neuen Jobs wird tendenziell umso stärker, je weiter die Integration der Generation Y in den Arbeitsmarkt voranschreitet.

---

[39]   Anthony & Govindarajan, 2004, Case 14-7: Citibank.

Eine alte Weisheit besagt, dass der einzige Weg, den Arbeitslohn zu verbessern, der ist, einen neuen Job zu suchen und zu finden. Der Grund ist einfach: Wer schon angestellt ist und eine gute Arbeitsleistung erbringt, bekommt mehr oder weniger den Durchschnitt der jährlichen Lohn-Anpassung. Nur Sonderverhandlungen, z. B. wegen Job-Angebots von Dritten, und Jobwechsel können zu einer außerordentlichen Arbeitslohnentwicklung führen.

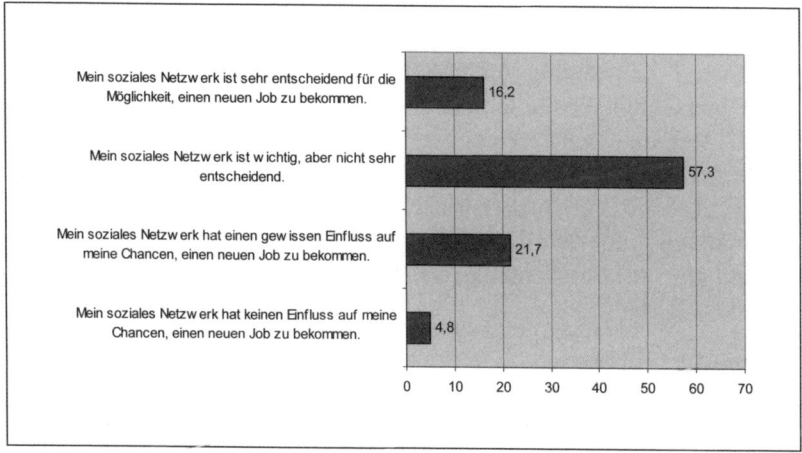

Abbildung 4.3: *Das soziale Netzwerk und die Chancen, einen Job zu bekommen. Angaben in Prozent. Quelle: Employer Branding Fragebogen.*

4.12 Der Personalwechsel – Prinzip und Wirklichkeit

Die meisten Unternehmen sagen, sie wollen den Personalwechsel, um sicherzustellen, dass das Unternehmen mit neuen Ideen, neuen Perspektiven etc. versorgt wird. Der Prinzip wird allerdings nicht immer realisiert, weil ein Personalwechsel für das Unternehmen aufwendig ist und auch oft bedeutet, dass neue Risiken eingegangen werden müssen.

Wenn ein Mitarbeiter den Job wechselt, reagiert das Unternehmen oft frustriert: Schade, wir müssen einen neuen Arbeitnehmer finden. Und dafür gibt es einen guten Grund: Den Mitarbeiter zu ersetzen und Anwerbungsaktionen auszuführen, ist sehr kostspielig, kostet durchaus schon einmal mehrere Zehntausend Euro.[40] Ein Problem in diesem Zusammenhang ist, dass es meistens die erwünschten Personen sind, die Job wechseln. Sie sind attraktiv auf dem Arbeitsmarkt. Eine allgemeine Zielstellung für den Personalwechsel ist daher sinnlos, und Unterschiede bezüglich der Zahl der Arbeitgeber in einer geografischen Region erschweren generelle Aussagen zum Personalwechsel. In Berlin, Hamburg, München, Wien und Zürich gibt es für einen Kulturschreiber, Personalwissenschaftler oder Volkswirtschafter viele Alternativen – auf dem Land gibt es höchstens ein paar Jobangebote, obwohl der Arbeitssuchende bereit ist, täglich weite Strecken zur Arbeit zu fahren.

4.13 Die Personalabteilung – eine Abteilung von strategischem Wert

„In einem schnell veränderlichen, global konkurrierenden und qualitätsorientierten Umfeld sind es oft die Angestellten des Unternehmens, sein Humankapital, die den Schlüssel zur Konkurrenzfähigkeit bilden. Es ist jetzt zunehmend üblich, die Personalabteilung in die frühesten Phasen der Entwicklung und Implementierung eines strategischen Planes einzubeziehen, statt sie einfach darauf reagieren zu lassen."[41]

---

40 Vgl. Larkan (2007).
41 Dessler (2001), S. 12.

Um in den konkurrenzintensiven Märkten von Verbrauchern und Mitarbeitern erfolgreich zu sein, müssen die Voraussetzungen, sich im Markt überzeugend darzustellen, mobilisiert werden. Eine Zusammenarbeit zwischen der Personalabteilung und der Marketingabteilung ist eher eine Voraussetzung als bereits die Lösung: Man braucht sowohl Personalkenntnis wie auch Marketingkenntnis, um die gewünschten Mitarbeiter zu gewinnen, sie zufriedenstellen und dauerhaft an das Unternehmen binden zu können.

In manchen Unternehmen hat die Personalabteilung Legitimitationsprobleme und kann ihre Position in der Entwicklung der Konkurrenzfähigkeit des Unternehmens nicht ausreichend klarmachen.[42] Veränderungen im Arbeitsmarkt und die größere Bedeutung des Employer Brandings sind allerdings Möglichkeiten für die Personalabteilung, wichtige Entscheidungen des Unternehmens stärker zu beeinflussen.

Checkliste

☑ Welchen Einfluss hatten die Veränderungen im Arbeitsmarkt auf Ihr Unternehmen?

☑ Welchen Einfluss hatten die Karrierestrategien junger Mitarbeiter auf Ihr Unternehmen?

☑ Wie werden Mitarbeiter geleitet, kontrolliert und bewertet? Haben sich die Strategien diesbezüglich in den letzten Jahren verändert?

☑ Wie groß – ungefähr – sind die Anteile der emotionalen bzw. funktionalen Wertschöpfung des Unternehmens?

☑ Welches wären die Implikationen für Ihr Unternehmen, wenn die Personalfluktuation kräftig anstiege, weil junge Mitarbeiter gerne einen neuen Job suchen?

☑ Werden hohe Ansprüche an Transparenz erfüllt – präsumtive Mitarbeiter nehmen ja das Unternehmen unter die Lupe – sowie Möglichkeiten der Karriere deutlich kommuniziert?

☑ Verstehen die Mitarbeiter des Unternehmens das Geschäftsmodell? Wird eine breit angelegte Kompetenz betont und belohnt oder eine deutliche Spezialisierung?

---

[42]   Millward et al. (2000); Parment & Dyhre (2009); Sisson (2001); Strauss (2001).

☑ Wie sieht es mit der Machtbalance zwischen Mitarbeitern und Unternehmen aus?

☑ Wie planen ältere und jüngere Mitarbeiter Karriere und Lebenslauf?

☑ Die Anzahl der Aspekte, die ein Arbeitnehmer bei der Jobsuche in Betracht zieht, hat im Laufe der Zeit erheblich zugenommen – hat sich die Art und Weise, wie das Unternehmen sich als Arbeitgeber präsentiert, dementsprechend verändert?

☑ Was halten Sie von Konkurrenz? Sehen Sie Konkurrenz als Ansporn für die unternehmerische Entwicklung?

☑ Wie viele Mitarbeiter des Unternehmens bzw. der Abteilung sind nicht austauschbar? Wie viele sind austauschbar?

☑ Was halten Sie von Personalfluktuation? Wird Ihre Auffassung auch realisiert, oder wird jede neue Rekrutierung als eine Belastung gesehen: „Mehr Arbeit für mich als Ressortleiter; besser, keiner würde das Unternehmen verlassen!"?

☑ Welche Rolle spielt die Personalabteilung, und wie wird sie von anderen Abteilungen gesehen?

Handlungsempfehlungen

Richtlinien etablieren, wie Arbeit ausgeführt wird, von wem sie ausgeführt wird und in welcher Normzeit sie ausgeführt wird. Freiraum könnte die Arbeitsmotivation steigern, zu viel Freiraum könnte allerdings die Effizienz des Unternehmens untergraben.

Die richtige Person zu finden, ist sehr wichtig. Die wenig differenzierte, eher gleichgültige Methode „Einen Job besetzen!" verliert, vor allem in Bezug auf junge Mitarbeiter, an Relevanz. Ein neuer Angestellter schätzt auch das Gefühl, wichtig für das Unternehmen zu sein und nicht nur eine Lücke in der Belegschaft zu schließen.

Nicht nur Mitarbeiter anwerben, die sich möglichst in allem dem Chef/der Chefin anpassen, sondern auch Mitarbeiter, die anders und querdenken. Eine gewisse Breite der Kenntnisse, des professionellen Hintergrunds und der Denkweisen fördert die Entwicklung des Unternehmens.

Junge Arbeitnehmer informieren sich anders und sind relativ wenig tolerant gegenüber falschen Informationen und Unklarheiten. Um nicht an Attraktivität zu verlieren, ist es sinnvoll, so viele Aspekte eines Arbeitsangebotes wie möglich zu verdeutlichen: Welche Karrierewege gibt es bei uns? Was bedeuten die verschiedenen Karrieren? Interviews mit Mitarbeitern sind hier sinnvoll. Wie lange muss ich arbeiten, um als Projektleiter eingesetzt werden zu können? Viele Fragen wurden traditionsgemäß nie einheitlich beantwortet – in einer transparenten Welt mit potenziellen Mitarbeitern, die rund um die Uhr und rund um den Erdball kommunizieren, wird es immer schwieriger und unattraktiver, unterschiedliche Auskünfte an verschiedene Mitarbeiter bzw. potenzielle Mitarbeier zu vermitteln. Das Internet hat sowohl die Kommunikationsgeschwindigkeit wie auch die Möglichkeiten, zielgerecht zu kommunizieren, erheblich verbessert.

Darauf eingestellt sein, dass Mitarbeiter einen neuen Job suchen und dass dieses Verhalten eher stimuliert und zu Verbesserungen führt – schließlich muss jeder Arbeitgeber konkurrenzfähig sein, und wer gute Mitarbeiter „verliert", sollte das eigene Angebot überprüfen.

Das Identifizieren kritischer Mitarbeiter wagen – schließlich sind derlei inoffizielle Informationen nützlich, wenn einem Mitarbeiter plötzlich ein neuer Job angeboten wird und eine Verhandlung beginnt. Wenn ein Mitarbeiter sagt, er will einen neuen Job suchen, ist es für den Arbeitgeber von Vorteil, wenn schon überlegt wurde, ob der betreffende Arbeitnehmer besonders gut oder nur durchschnittlich ist.

5. Neues Personalmanagement zur Steigerung der Attraktivität

In diesem Kapitel werden die konkreten Maßnahmen im Unternehmen, um bei Mitarbeitern – besonders jungen Mitarbeitern – stärkere Attraktivität zu gewinnen, untersucht. Anspruchvolle und selbstbewusste Mitarbeiter erfordern ein neu durchdachtes, an den Erfordernissen einer neuen Zeit orientiertes Personalmanagement, dessen Rolle sich teilweise neu, sprich: umfassender, definiert: Es geht nicht nur um das Verhältnis zwischen Unternehmen und vorhandenen Mitarbeitern, sondern verstärkt auch darum, indirekt und direkt erwünschte neue Mitarbeiter zu gewinnen.

Selbstverständlich können hier nicht alle Fragen beantwortet werden, die in diesem Zusammenhang eine Rolle spielen. Das Kapitel beschränkt sich darauf, einige in der Ära der Generation Y besonders wichtige Probleme zu beleuchten.

5.1 Definition des Personalmanagements

Der Begriff *Personalmanagement* wird nicht einheitlich verwendet. Scholz schlägt folgende breitgefasste Definition vor:

„Das Management von Personal ist die systematische Analyse, Bewertung und Gestaltung aller Personalaspekte eines Unternehmens, wie Personalbestände und -bedarfe, Qualifikationen, Kostenkalkulierungen, rechtliche Bedingungen des Personaleinsatzes, der Beurteilung und Führung von Mitarbeitern."[43]

Früher wurden die Begriffe Personalverwaltung und Personalwirtschaft verwendet, die allerdings mehr die verwaltenden Elemente der Personalarbeit betonen. Im Gefolge der Internationalisierung der Un-

---

[43] Scholz (2002).

ternehmen und der erhöhten Konkurrenz hat sich inzwischen der Begriff Personalmanagement weitgehend durchgesetzt.

Im Laufe der Zeit hat sich auch die Definition des Begriffs Personalmanagement weiterentwickelt, verständlicherweise, denn über die Jahrzehnte hat sich der subsumierte Aufgabenbereich schließlich ebenfalls verändert. In den 70er Jahren standen Training und Qualifizierung im Mittelpunkt des Personalmanagements. In den darauffolgenden 80er Jahren erweiterten sich Training und Qualifizierung zur Personalentwicklung insgesamt. In den 90er Jahren wiederum ist die Qualifizierung in Richtung Wertschöpfung weiterentwickelt worden.[44]

Die obige Definition des Personalmanagements umfasst in etwa dasselbe wie der internationale Begriff „Human Resources Management".

Unter Personalmanagement versteht man eine ganze Reihe von Funktionsfeldern: Bestimmung des Personalbedarfs und Analyse des Personalbestandes, Personalveränderung (Beschaffung, Entwicklung, Freisetzung), Personaleinsatz, Personalkostenmanagement, Personalführung).

Alle diese Funktionsfelder sollten infolge des Eintritts der Generation Y in den Arbeitsmarkt überprüft werden.

---

[44] Stanik (2009).

Tabelle 5.1: *Grundanforderungen an das Personalmanagement*[45]

Erfolgsorientierung	Richte die personalwirtschaftlichen Aktivitäten explizit auf ökonomische Zielgrößen aus!
Flexibilisierung	Erwerbe die Fähigkeit zur kurzfristigen Anpassung an Unvorhergesehenes!
Individualisierung	Gewähre den Mitarbeitern den Freiraum zur Erfüllung ihrer persönlichen Ziele!
Kundenorientierung	Erstelle die Leistungen so, dass die Empfänger der Leistungen subjektiv und objektiv zufrieden sind!
Qualitätsorientierung!	Integriere die Personalarbeit in den TQM-Ansatz[46]
Akzeptanzsicherung	Stelle sicher, dass Mitarbeiter Veränderungen unterstützen und nicht blockieren!
Professionalisierung	Aktualisiere ständig den eigenen Wissensstand und baue spezifische Kompetenzen aus!

5.2   Die neue Work-Life-Balance

Ein ausgewogenes Verhältnis zwischen Arbeit und Privatleben – die so genannte Work-Life- Balance – ist sehr wichtig für das Wohlbefinden des Mitarbeiters, jedenfalls laut Personalabteilungen, die oft und gerne die Vereinbarkeit von Berufs-, Privat- und Familienleben thematisieren. Und sie haben recht! Dazu muss aber die Work-Life-Balance neu definiert werden.

Früher hat die Personalabteilung versucht, Arbeit und Privatleben voneinander abzugrenzen. Die Möglichkeiten, außerhalb der betrieblichen Arbeitsstätte zu arbeiten, sind aber mittlerweile viel besser

---

[45]   Scholz (2000).

[46]   TQM = Total Quality Management bezeichnet die durchgängige, fortwährende und alle Bereiche eines Unternehmens erfassende organisierte Tätigkeit, Qualität als Systemziel einzuführen und dauerhaft zu garantieren, siehe z. B. Malorny, C. & Hummel, T. (2002): Total Quality Management Tipps für die Einführung. Hanser Fachbuch.

geworden, und heutzutage nehmen sich viele Arbeitnehmer Arbeit mit nach Hause. Besonders Büro-Arbeit kann meistens zuhause, im Sommerhaus oder im Zug ausgeführt werden – Funktelefon, Computer und Internet-Anschluss vorausgesetzt.

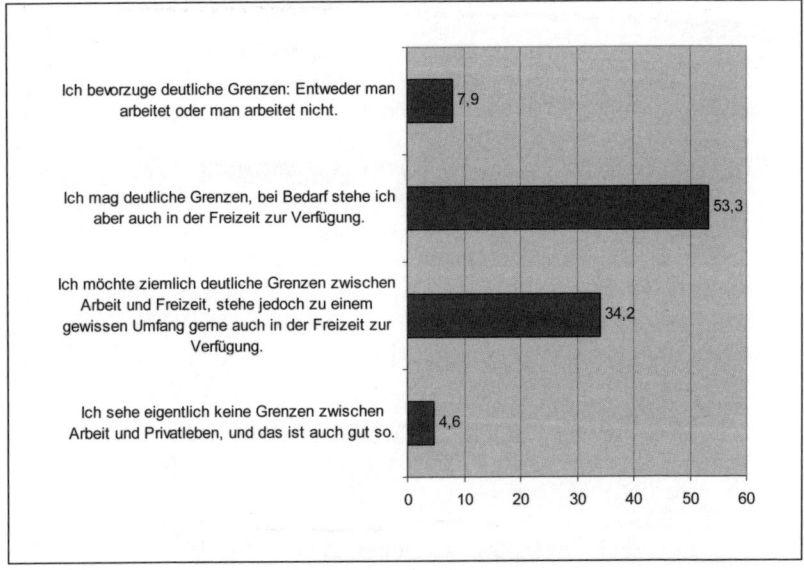

Abbildung 5.1: *Wie siehst du die Work-Life-Balance? Quelle: Employer Branding Fragebogen*

Die Auflockerung der Grenzen zwischen Arbeit und Privatleben bedeutet aber nicht nur, dass in der Freizeit gearbeitet wird, sondern auch, dass Freizeit-Aktivitäten in die Arbeit hineingeraten. Im Büro, am Computer in der Werkstatt, im Krankenhaus etc. wird gesurft, werden Flugtickets gebucht, Aktien gekauft und verkauft, Gespräche mit der Bank geführt usw. Der Arbeitgeber kann die Nutzung von „Arbeitszeit" für private Zwecke schwerlich verhindern. Schließlich arbeiten viele Mitarbeiter auch abends zuhause oder sonstwo für den Betrieb, und zwar zu Zeiten, die früher als reine Freizeit betrachtet wurden. Telefonanrufe im Interesse betrieblicher Arbeitsaufgaben werden z. B. auch in späten Stunden getätigt. Der Arbeitgeber kann weder sinnvoll die Arbeit in der Freizeit, noch die Freizeit bei der Arbeit verhindern, weil sie zwei Seiten derselben Medaille sind. Das alte Paradigma mit seinen klaren Festlegungen, wann, wie und wo gearbeitet wird, verliert kräftig an Einfluss. Es ist immer mehr die Kultur des Unternehmens bzw. des Teams, die hier die Grenzen setzt.[47]

In der Vergangenheit war es viel einfacher als heute, die Grenzen zwischen Arbeit und Privatleben festzulegen. Heute sind die Grenzen fließend, und in vielen Fällen sind sie sogar völlig verwischt. Die Gründe und Antriebskräfte für die Verschiebung der Grenzen sind Folgende:

- Der Zugang zu Hilfsmitteln, wie Computer, WLAN, Stromversorgung im Zug und im Flugzeug, macht es möglich, fast überall und zu jeder Stunde zu arbeiten: T-Mobile nennt ihre Lösung „web'n'walk" – eine exakte Beschreibung dessen, worum es geht.

- Flexible Arbeitszeiten.

- Ein größerer Anteil von Jobs, die keine ständige Anwesenheit im Büro erfordern.

- Eine Unternehmenskultur, die unterschiedliche Arbeitszeiten und Arbeitsmethoden akzeptiert, was auch mit der Lockerung alter Normen sowie einer größeren gesellschaftlichen Vielfalt in Bezug auf Lebensstil und Lebensführung zu tun hat.

Auf Jobs, die an einen physischen Arbeitsplatz gebunden sind, z. B. Krankenhäuser, die Polizei und U-Bahn-Betrieb, trifft diese Entwicklung nur bedingt zu. Unberührt bleiben sie davon aber nicht: die jeweilige Kultur und die Anforderungen der Generation Y setzten Unternehmen unter Druck, den Mitarbeitern bedeutsame Aufgaben und Möglichkeiten der Selbstverwirklichung zu bieten.

Für einen wachsenden Anteil der Arbeitsaufgaben, die nicht an Ort und Stelle während der Bürostunden ausgeführt werden müssen, ist die Verschiebung der Grenzen zwischen Arbeit und Privatleben deut-

---

[47] Vgl. z. B. Hatch et al. (2000).

lich. Neue Fragen entstehen: Wo, wann, wie und wofür sollen die Aufgaben durchgeführt werden? Das heißt, Arbeitnehmer sind nicht nur Ausführende einer definierten Arbeitsaufgabe, sie fragen sich auch, ob die betreffende Aufgabe Sinn macht, und prüfen, ob es womöglich andere Wege gibt, das Arbeitsziel zu erreichen. Diese Entwicklung erzeugt zweierlei Stress für den Arbeitnehmer: Erstens sorgt die Prüfung, ob die Arbeitsvorgabe sinnvoll oder sinnlos ist, für Stress, für Ärger und Verdruss, im schlimmsten Fall gar für negative Folgen. Zweitens macht die stets latente Möglichkeit, irgendwo, irgendwann und irgendwie zu arbeiten, es für den Arbeitnehmer schwieriger, von der Arbeit abzuschalten und unbeschwert in den Feierabend zu starten.

Klar ist, dass die Grenzen zwischen Arbeit und Privatleben in gewissem und zunehmendem Ausmaß vom Arbeitnehmer selber gezogen werden müssen. Die Personalabteilung kann zwar die Voraussetzungen für Work-Life-Balance entwerfen und beeinflussen, und sie kann versuchen, hartnäckige Mitarbeiter zu überzeugen. Schließlich kann sie aber nicht Mitarbeiter daran hindern, abends E-Mails zu lesen, Präsentationen und Unterlagen vorzubereiten und Kundengespräche zu führen.

5.3   Arbeit in der Freizeit – und Freizeit bei der Arbeit

Menschen haben immer mehr Freizeit bei der Arbeit und Arbeit in der Freizeit. Wer kennt nicht jemanden, der gelegentlich am Dienstagabend mit dem Computer im Wohnzimmer sitzt, um eine Aufgabe für Mittwoch vorzubereiten? Wer kennt nicht jemanden, der im Büro privat telefoniert, im Internet surft, Rechnungen bezahlt, Börsenkurse verfolgt oder private Reisen organisiert? Wer abends zuhause arbeitet, hat natürlich einen Anspruch, während der Arbeitszeit Freizeit-Aktivitäten zu erledigen, und wer im Büro nach Kino- und Theaterkarten surft, hat einen Anlass, zuhause zu arbeiten. Für die Generation Y sind die Grenzen zwischen Privatleben und Arbeitsleben längst fließend. Wo, wie und wann dienstliche Vorgaben und private Wünsche realisiert werden, ist weniger von Bedeutung. Wichtig ist, dass das Ergebnis stimmt und dass die Arbeit Spaß macht und eine Bedeutung hat.

Die Generation Y zögert nicht, Anrufe in der Freizeit zu erledigen, E-Mails regelmäßig zu checken oder zu sehr später Stunde zu arbeiten, wenn die Arbeitsaufgabe das fordert – vorausgesetzt, sie wird entsprechend vergütet (Gehaltsentwicklung, Gewährung von Freiheiten, Beförderung nach Verdiensten).

Eine gesunde Work-Life-Balance-Kultur zu entwerfen, ist sehr wichtig und fordert Folgendes:

■ Ein ausgewogenes Gleichgewicht zwischen Leistungsstimulanzen und Raum für Erholung der Mitarbeiter.

■ Die Identifikation der Quellen des negativen Stresses und Maßnahmen der Stress-Minimierung.

5.4 Ein neues Personalmanagement erfordert neue Perspektiven der innerbetrieblichen Zusammenarbeit

Die Entwicklung des Personalmanagements und die Durchsetzung einer Employer-Branding-Strategie erfordern eine neue Form der Zusammenarbeit zwischen verschiedenen Abteilungen des Unternehmens. Das Unternehmen kann nicht mehr als eine funktionale Organisation betrachtet werden. Es gibt, besonders wenn es darum geht, die sich an Botschaften und Authenzität orientierende Generation Y zu gewinnen, viele verschiedene Gründe, Synergien zu nutzen. Mit einer modernen Perspektive des Personalmanagements und der Marktkommunikation muss das Unternehmen mehr oder weniger als

eine Einheit dargestellt werden[48], unabhängig davon, ob die Zielgruppe vorhandene Mitarbeiter, zukünftige Mitarbeiter oder Kunden
bzw. andere Abnehmer und Interessenvertreter sind[49]. Menschen
kommunizieren überall und zu jeder Zeit, d. h., die Vermarktung des
Unternehmens könnte untergraben werden, falls spezifische Teile
seiner Kommunikation negativ von den Erwartungen der Zielgruppe
abweichen.

Dies alles erfordert eine horizontale Zusammenarbeit zwischen In-
formationsabteilungen, Personalabteilungen, Marketingabteilungen
etc. sowie eine vertikale Zusammenarbeit zwischen der obersten Füh-
rungsebene, den mittleren Führungsebenen und allen Mitarbeitern des
Unternehmens. Diejenigen, die ein Unternehmen repräsentieren, sollten gewisse Werte und Philosophien teilen, um einheitlich von den
Zielgruppen wahrgenommen zu werden. Gibt es innerhalb des Unternehmens allzu viele und große Differenzen bezüglich der Wertschätzung und Prioritäten, wie Kunden und Mitarbeiter betrachtet und
angesprochen werden etc., dann wird es schwer, einen starken und
attraktiven Eindruck zu machen.

Die Personalabteilung und die Marketingabteilung müssen in der
Regel zusammenwirken, um eine konstruktive Lösung für ein erfolgreiches Personalmanagement zu erarbeiten, das weiter reicht als die
Zielsetzung, die Bedürfnisse des vorhandenen Mitarbeiters zu befriedigen. Schließlich spielt das Personalmanagement eines modernen
Unternehmens eine Schlüsselrolle bei den Bemühungen, Mitarbeiter
langfristig an den Arbeitgeber zu binden und neue Mitarbeiter anzuwerben. Ein Problem mag sein, dass die Personalabteilung und die
Marketingabteilung ihre Rollen in diesem Prozess sehr unterschied-
lich sehen: In einem traditionellen, funktional organisierten Unternehmen hat die Marketingabteilung keinen Einfluss auf diese Angelegenheiten.

---

[48] Vgl. Birkigt et al. (1992); Kapferer (2008); Keller et al. (2002); Maier (1992);
Salzer-Mörling & Strannegård (2004).

[49] Dieser Abschnitt basiert auf Parment (2008a); Parment & Dyhre (2009).

Man kann sich zwar vorstellen, dass Unternehmen mit einem Überschuss an Stellenbewerbungen nicht motiviert sind, sich auf den unbequemen, eventuell sogar schmerzhaften Prozess einzulassen, Marketing- und Personalabteilungen einander näherzubringen, weil sie auch ohne diese Art von Zusammenarbeit überleben zu können glauben. Damit verbleiben die schwer zu vereinbarenden Perspektiven und eventuelle Konflikte zwischen den Marketing- und Personalabteilungen im Verborgenen, treten nicht offen zu Tage. Die Vorteile eines modernen Personalmanagements können mit dieser Strategie ebenfalls nicht genutzt werden.

Die Umstellung auf ein Personalmanagement, das die Einbeziehung der Generation Y in das Unternehmen betont und dessen Ausgestaltung die Generation Y anspricht, ist eine Gelegenheit, verschiedene Abteilungen des Unternehmens einander näherzubringen. Traditionsgemäß setzen Marketingabteilungen in vielen Fällen andere Teile des Unternehmen unter Druck, innovative, schnelle und effiziente Lösungen für die Kunden zu finden, was natürlich die Innovationsfähigkeit fördert, gleichzeitig allerdings das Wohlbefinden des einzelnen Mitarbeiters gefährden könnte. Den Personalabteilungen kommt traditionsgemäß eine fürsorgliche und reaktive Rolle zu. Dies wurde in verschiedenen Studien festgestellt, so auch in einer Studie von SHL, einem Forschungsinstitut, das psychometrische Tests ausführt und interpretiert.[50] Die Studie der 90er Jahre basiert auf einem Vergleich zwischen Personalmanagern und Managern aus anderen Bereichen. Folgende Ergebnisse liegen vor:

---

50   Vgl. Barrow & Mosley (2005).

Tabelle 5.2:   *Psychometrische Profile von Personalmanagern im Vergleich zu Managern anderer Bereiche*

Personalmanager sind	Personalmanager sind
anschlussfreudiger	weniger überzeugend
demokratischer	weniger fakten- und zahlenorientiert
fürsorglicher	weniger innovativ
verhaltensorientierter	weniger organisiert und strukturiert
beunruhigender	weniger kritisch
	weniger wettbewerblich

Quelle: Barrow & Mosley (2005).

5.5   Direkte und indirekte Wege, die erwünschten Mitarbeiter anzuwerben

Im nächsten Kapitel geht es um das Employer Branding und damit um die expliziten, direkten Wege, das Unternehmen für vorhandene und künftige Mitarbeiter in günstigem Licht darzustellen. Nachfolgend geht es dagegen eher um Wege, die Wertschöpfung des Unternehmens zu erhöhen sowie das Wohlfühlen des Mitarbeiters zu verbessern – beides trägt zum Gesamtbild des Unternehmens bei: Wenn die Wertschöpfung hoch ist und die Mitarbeiter zufrieden sind, gibt es beste Möglichkeiten, einen attraktiven Arbeitsplatz zu kreieren, was sich in einer starken Arbeitgebermarke widerspiegelt.

Es gilt also nicht nur, sich um vorhandene Mitarbeiter zu kümmern. Es gilt gleichermaßen auch, durch die Imageverbesserung des Unternehmens[51], die aus der Einrichtung besserer Arbeitsplätze entsteht, erwünschte neue Mitarbeiter zu gewinnen.

---

[51]   Vgl. Birkigt et al. (1992).

5.6 Mitarbeiterloyalität

Die sich ständig verringernde Loyalität des Mitarbeiters muss richtig verstanden werden. Erstens, dass ein Arbeitnehmer für Jobangebote offen ist[52], heißt nicht, dass er schlecht arbeitet. Es mag sein, dass man ehedem gedacht hat, Loyalität müsse im Interesse eines guten Arbeitsergebnisses vorhanden sein. Auf die Generation Y jedenfalls trifft das keineswegs zu: Diese neue Generation sieht sich selber als Marke – wenn ich einen guten Eindruck hinterlassen habe, stärkt das auch meine Marke.[53]

Früher galt Job-Hopping als schlecht, und manche Unternehmen lehnten Bewerber mit zu viel „Job-Erfahrung" ab. Die Generation Y weiß, dass der einzige Weg, das Einkommen zu verbessern, darin besteht, einen neuen Job zu suchen, was freilich ein entsprechendes Maß an Mut und Fähigkeiten erfordert. Die Einsicht, dass Jobwechsel mit Lohnverbesserungen verbunden sind, setzt Arbeitgeber unter Druck: Tüchtige Mitarbeiter können zu jeder Zeit einen neuen Job suchen; wenn wir die betreffenden Mitarbeiter behalten wollen, müssen wir sie dafür allerdings auch adäquat bezahlen. Die Bereitschaft, Arbeitslöhne und andere Bedingnungen spürbar zu verbessern, um den Jobwechsel von Schlüsselmitarbeitern zu verhindern, muss also erkennbar vorhanden sein. Der moderne Mitarbeiter mag es, den Job zu wechseln, einige Jahre später aber erneut für den alten Arbeitgeber zu arbeiten oder ihn als Kunden oder Lieferanten zu treffen. Gute Beziehungen zu ehemaligen Mitarbeitern – den Alumni – zu pflegen, gilt als sehr wichtig.

Die größere Flexibilität aufseiten der Arbeitnehmer könnte jedoch zu einer Arbeitslohnspirale führen, der entgegenzuwirken sich alle Unternehmen genötigt sehen. Das Gegenmittel heißt, nicht der klassischen HR-Perspektive entsprechend: Mehr Geld und Anreize nur für diejenigen, die andere Jobangebote bekommen, und weniger für an-

---

[52] Vgl. Abb. 4.1 zum Jobwechsel.
[53] Dies wird oft „Personal Branding" genannt, vgl. Bence (2009); Mobray (2009).

dere! Das hätte eine differenzierte Arbeitslohnentwicklung zur Folge. Wenn Marktmechanismen mehr Einfluss auf die Attraktivität der Arbeitnehmer haben, bedeutet das, dass sich die Vergütung des einzelnen Arbeitnehmers seinem Marktwert angleicht. Qualifizierte und attraktive Arbeitnehmer werden – unabhängig vom Alter – mehr verdienen. Arbeitgeber, die der stetig abnehmenden Loyalität seitens ihrer Mitarbeiter keine Beachtung schenken, können früher als erwartet an den Rand ihrer Existenz geraten.

5.7 Soziale Netzwerke

– Eingestellt wird nicht nur die Person, sondern auch das soziale Netzwerk der Person! –

Wie schon im einleitenden Kapitel beschrieben, sieht die Generation Y ihre sozialen Netzwerke primär als Kanäle für den Kompetenzaustausch und die Lösung von Problemen sowie als Plattform für den Austausch von Erfahrungen und Meinungen über frühere, gegenwärtige und potenzielle Arbeitgeber. Das soziale Netzwerk ist damit eine zentrale Ressource auf vielen Ebenen des Lebens und für die persönliche Entwicklung sowie Karriereplanung oftmals wichtiger als der Arbeitgeber.

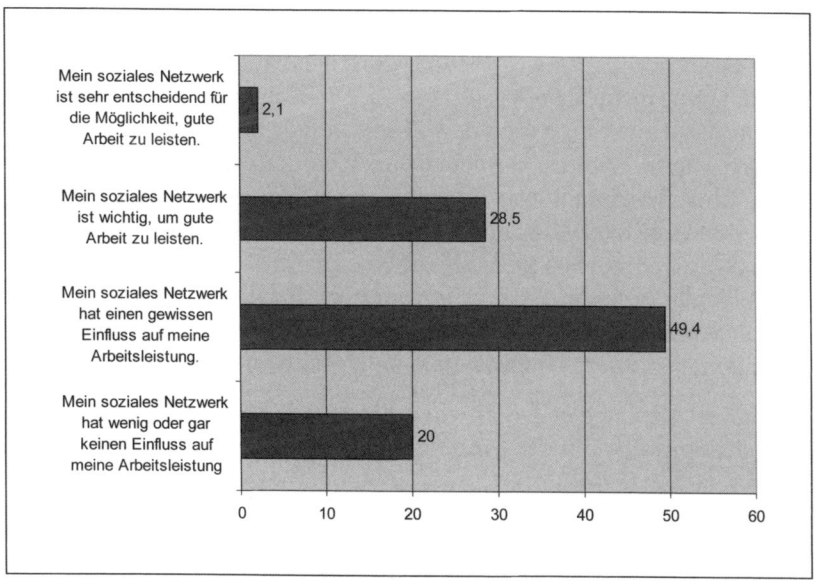

Abbildung 5.2: *Die Rolle des sozialen Netzwerks für die Arbeitsleistung,*
z. B. jemanden anrufen, jemanden in Facebook befragen.
Quelle: Employer Branding Fragebogen

Für das Personalmanagement des Unternehmens ist es sehr wichtig, diese Entwicklung zu beachten. Besonderes Augenmerk sollte sowohl auf potenziellen Mitarbeitern mit großen positiven Möglichkeiten als auch auf solchen mit deutlich problematischen Anlagen liegen.

■ Das soziale Netzwerk des Mitarbeiters ist als Ressource für Informationsaustausch, als Kompetenzressource, als Kanal für Marktkommunikation, z. B. zur Verbreitung authentischer und positiver Informationen über das Unternehmen als Arbeitgeber, Informationen über neue Produkte etc., aufzufassen. Das soziale Netzwerk kann auch für Einladungen, für Fokusgruppen, für Events etc. eine wichtige – und manchmal (z. B. Kundenlisten) sogar kostenlose – Ressource sein.

■ Das Verhältnis zu unternehmensinternen Informationen, die nicht an Dritte weitergegeben werden dürfen oder sollten, ist zu prüfen. Die Grenzen für das, was erlaubt, legal und ethisch akzeptabel ist, sind in vielen Fällen nicht klar. Klar ist hingegen, dass die Generation Y gerne über Erfahrungen mit Arbeitgebern, über Konsumgüter, über Restaurantbesuche und Urlaub im Ausland, über ein Wochenende in Kopenhagen etc. redet. Klar ist auch, dass im sozialen Netzwerk Menschen gefragt und befragt werden, um Lösungen für Probleme zu finden. Als Teilnehmer an sozialen Netzwerken muss man vorsichtig sein, um zu verhindern, dass schützenswerte Informationen aus dem Unternehmen an Dritte weitergegeben werden.

Fragen an den neuen Mitarbeiter über sein Verhältnis zu sozialen Netzwerken sollten in der Einstellungsphase gestellt werden.

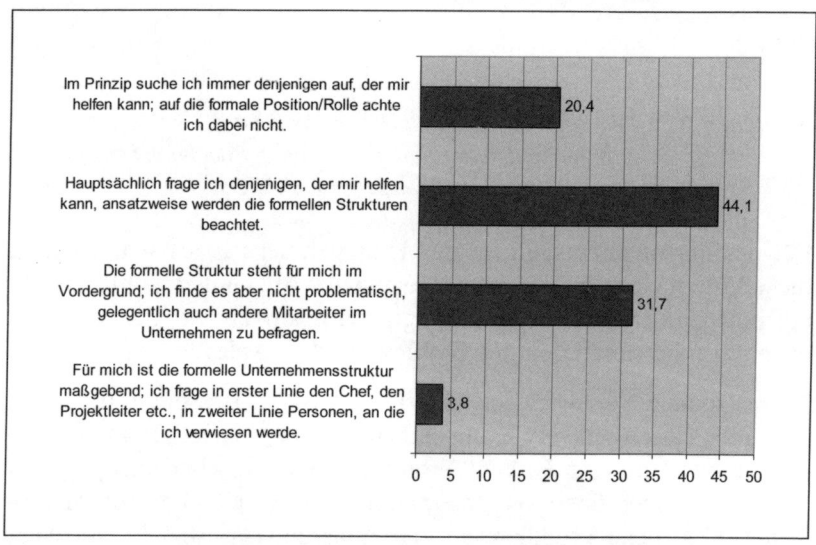

Abbildung 5.3: *Beurteilung von Autoritäten am Arbeitsplatz. Angaben in Prozent. Quelle: Employer Branding Fragebogen.*

Außer Persönlichkeitstests und qualifizierten, durchdachten Interviewtechniken gibt auch das Verhalten in sozialen Medien, wie Facebook und LinkedIn[54], Aufschluss über die Loyalität der betreffenden Person. Wer in Facebook Bilder von späten Stunden des letzten Kundenmeetings oder der jüngsten Büroparty hochlädt, oder wer es mit der Wahrheit hinsichtlich der bei der Online-Plattform LinkedIn angegebenen persönlichen Daten (frühere Arbeitgeber, Ausbildung etc.) nicht so genau nimmt, könnte große Probleme für den Arbeitgeber, für Kunden, für Lieferanten und für die eigene Karriere heraufbeschwören. Hier gibt es eigentlich keine Qualitätskontrolle, jeder kann in sozialen Foren eintragen, was er will. LinkedIn ist für Suchmaschinen optimiert, was zur Folge hat, dass Treffer von LinkedIn bei der Google-Suche nach einer Person normalerweise zu den ersten zehn Treffern zählen. Angenommen, wir „googlen" einen Mitarbeiter, der uns interessiert, weil er unlängst befördert worden ist. Es könnte dann durchaus passieren, dass wir unter den ersten Treffern zu unserer Überraschung etwa „N. N. is looking for job opportunities" oder „N. N. ist an Stellenangeboten interessiert" bei LinkedIn lesen. Die persönliche Karriereplanung ist also nicht mehr Privatsache, sondern für jedermann offen, der weiß, wie im Internet gesucht wird.

Um diese Entwicklung zu verstehen, muss man selber im Internet surfen – der Leser möge ein paar Kollegen, Freunde und Verwandte „googlen", und er wird vermutlich interessante Informationen über sie finden.

---

[54] LinkedIn ist eine Online-Plattform zur Pflege des sozialen Netzwerkes. LinkedIn ist auf bestehende Geschäftskontakte und auf das Anknüpfen neuer Verbindungen gerichtet, und nicht wie Facebook hauptsächlich für das Privatleben als Gegensatz zum professionellen Leben gedacht. Die Grenzen sind allerdings nicht eindeutig, und genau wie bei Facebook gibt es Menschen, die gerne mehrere Hundert „Geschäftskontakte" in LinkedIn sammeln.

5.8   Die erwünschten Mitarbeiter halten

In einer Welt voller Möglichkeiten ist es nicht einfach, erfolgreiche talentierte Mitarbeiter auf Dauer an das Unternehmen zu binden. Im Vergleich zu früheren Generationen bekommen Leute aus der Generation Y öfter Jobangebote und haben überhaupt mehr Einfluss und Wissen aus außerbetrieblichen Quellen. Der Chef und das Unternehmen sind in diesen Prozess eher nicht einbezogen.

Es genügt nicht, die begehrten Mitarbeiter nur zu gewinnen, man muss sie auch halten. Auf längere Sicht zählen hier die inneren Qualitäten des Unternehmens. Sobald jemand eingestellt wird, ist er/sie Mitarbeiter(in), und eine langfristige Beziehung hat begonnen, die nicht sogleich abbricht, wenn die betreffende Person die Arbeit beendet oder den Job wechselt – ausscheidende Mitarbeiter werden Alumni.

Namentlich in wettbewerbsorientierten Zusammenhängen müssen Unternehmen nicht nur den Wert ihrer Mitarbeiter kennen, sondern auch wissen, ob es Gründe gibt, dieser oder jener Anstellung ein Ende zu setzen. Der Mitarbeiter versteht unsere Strategie und Unternehmenskultur nicht, er wird davon nicht motiviert; die Wertvorstellungen des Mitarbeiter unterscheiden sich deutlich von den Werten, die das Unternehmen hochhält – Gründe, die Anstellung zu beenden. In anderen Fällen gefällt uns der/die Mitarbeiter(in), er/sie hat allerdings ein Angebot von unserem Konkurrenten bekommen, und wir können ihm/ihr nur Glück wünschen und hoffen, dass er/sie in ein paar Jahren mit neuen Erfahrungen zu uns zurückkommt. Im Allgemeinen gilt, dass es eine sehr teure Methode ist, Mitarbeiter überzubezahlen, weil wir sie gerne halten wollen. Marktmechanismen stellen sicher, dass Unternehmen die erwünschten Mitarbeiter bekommen.

Top-Talente sind begehrt und werden wahrscheinlich von anderen Unternehmen umworben. Das ist ein inhärentes Risiko und eine Folge der hohen Arbeitsmarktattraktivität dieser Personen. Auf der anderen Seite tragen solche Menschen dem Unternehmen Prestige ein, und sie setzen andere Mitarbeiter – Chefs eingeschlossen – unter Druck, besser zu werden. Überdies haben sie in den meisten Fällen große soziale Netzwerke mit für das Geschäft wichtigen Personen. Bei Mitarbeitern, denen die erforderliche Kompetenz, Fähigkeiten etc. fehlen, ist die Situation anders und oft sehr problematisch: Sie bleiben für eine sehr lange Zeit im Unternehmen, mit anderen Worten, sie wechseln den Job nicht, weil sie keinen besseren Job finden können. Je älter sie werden, desto schwieriger wird es, einen neuen Job zu finden. Die Balance zwischen überqualifizierten und talentierten Mitarbeitern, die eventuell unser Unternehmen als „eine zufällige Gelegenheit für einen Sprung auf der Karriereleiter – nicht gut genug auf Dauer" finden, und den nicht ausreichend qualifizierten Mitarbeitern – „die Besten, die wir gewinnen konnten", wie sich ein Personalchef entschuldigt, der die Unternehmensattraktivität unterschätzt – ist schwierig und muss sehr ernst genommen werden. Um diesbezüglich die richtigen Entscheidungen treffen zu können, muss man die Wettbewerber im Arbeitsmarkt gut kennen und selbstkritisch prüfen, wie die Attraktivität des eigenen Unternehmens derzeit wahrgenommen wird. Wer das eigene Unternehmen, seine Stärken und Defizite nicht kennt, der wird es schwer haben, diese Balance zu finden.

Je mehr präsumtive Mitarbeiter, vor allem Studenten und Berufsanfänger, präsumtive Arbeitgeber unter die Lupe nehmen, bevor sie über ein Jobangebot nachdenken, desto größer ist die Wahrscheinlichkeit, dass man dort arbeitet, wo man hinpasst und sich wohl fühlt. Das ist in den meisten Fällen auch vorteilhaft für den Arbeitgeber und für das Arbeitsklima. Wer einen Arbeitgeber unter die Lupe nimmt, um festzustellen, ob dieser den eigenen Präferenzen entspricht, der hat heute viele Hilfsmittel und Informationen zur Verfügung, z. B. Communities im Internet, Ranking-Tabellen, Daten zur Mitarbeiterzufriedenheit (teilweise veröffentlicht), Freunde, Kontakte im sozialen Netzwerk etc. Als natürliche Folge erhöht sich die Transparenz. Wenn Unternehmen Universitäten besuchen, um Beziehungen zu zukünftigen Mitarbeitern anzubahnen, hinterlassen sie nicht selten Kontaktdaten, um den Studenten zu ermöglichen, sich mit dem Unternehmen in Verbindung zu setzen, falls Fragen auftauchen.

In einer Situation, die durch folgende Merkmale gekennzeichnet ist, wird das innerbetriebliche Feedback sehr wichtig, um den Mitarbeiter nicht zu verlieren:

1. Die Verwöhntheit, Feedback zu bekommen, ist sehr groß.

2. Die Mitarbeiter, besonders der Generation Y, kommunizieren sehr viel mit Menschen und in Foren außerhalb des Unternehmens.

3. Viele Informationen, besonders außerhalb des Unternehmens, setzen die Mitarbeiter unter Druck, die eigenen Fähigkeiten zu bewerten und spezifische Kompetenzbereiche zu verbessern – wenn das Feedback fehlt, weiß der Mitarbeiter nicht, was verbessert werden sollte.

Traditionsgemäß führen viele Unternehmen Mitarbeitergespräche nur einmal jährlich, was für die Generation Y als viel zu selten angesehen wird. Feedback möchte man eher auf täglicher Basis haben, nicht zwangsläufig in Form eines Mitarbeitergespräches, auf jeden Fall jedoch ziemlich oft.

Unternehmen, die die Generation Y ansprechen wollen, müssen Wert auf Feedback legen, auch wenn es zu internen Konflikten führt. Vorhandene Mitarbeiter sind meistens nicht an intensives Feedback gewöhnt und könnten es auch als problematisch sehen: Besonders ältere Mitarbeiter befürchten oftmals, dass ein intensives Feedback mit Misstrauen und Unselbständigkeit verknüpft ist. Sie sind an selteneres Feedback – oft auf jährlicher Basis – gewöhnt.

Für die Generation Y jedoch ist Feedback sehr wichtig. Es stärkt die Verbundenheit zwischen Arbeitnehmer und Arbeitgeber. Wer Feedback mag, erwartet es auch beim aktuellen Arbeitgeber. Für den Arbeitgeber ist es besser, wenn der Mitarbeiter das gewünschte Feedback aus innerbetrieblichen Quellen bekommt, statt sich externen Quellen zuwenden zu müssen.

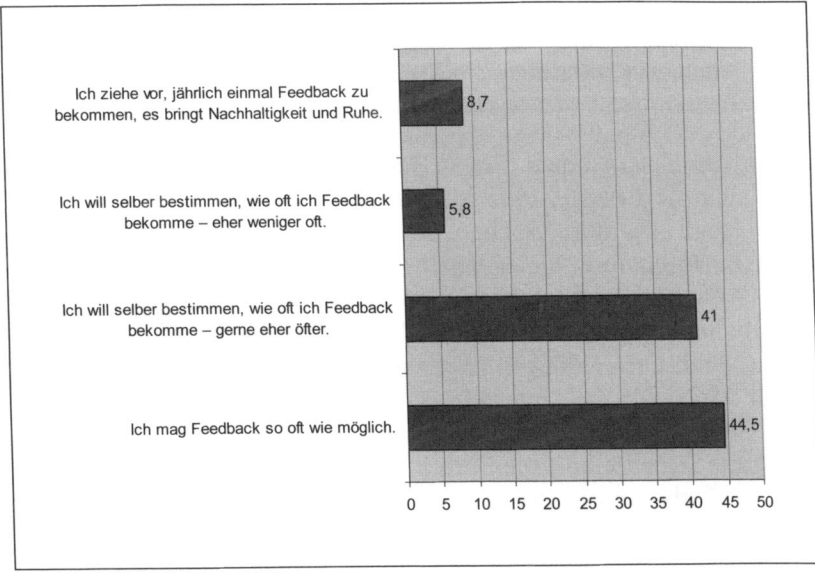

Ich ziehe vor, jährlich einmal Feedback zu bekommen, es bringt Nachhaltigkeit und Ruhe.   8,7

Ich will selber bestimmen, wie oft ich Feedback bekomme – eher weniger oft.   5,8

Ich will selber bestimmen, wie oft ich Feedback bekomme – gerne eher öfter.   41

Ich mag Feedback so oft wie möglich.   44,5

0 5 10 15 20 25 30 35 40 45 50

Abbildung 5.4: *Wie oft willst du Feedback bei der Arbeit? Quelle: Generation Y-Fragebogen*

5.9   Interne Karrieremöglichkeiten betonen

Es ist wichtig zu verstehen, warum so viele Berufsanfänger und Studenten planen könnten, im künftigen Berufsleben den Job relativ oft zu wechseln. Die folgenden Gründe können diese Haltung erklären[55]:

Sie befürchten, bei *einem* Arbeitgeber hängen zu bleiben.

Sie wollen eine breite Erfahrung aus verschiedenen Branchen und Kontexten, was sich auf dem Curriculum Vitae gut ausnimmt.

---

[55]   Vgl. Parment & Dyhre (2009).

> Sie wollen viele Zusammenhänge, Branchen, Länder und Kulturen aus Gründen der Selbstverwirklichung kennenlernen.

Wenn das Unternehmen diesen Bestrebungen entsprechen kann, er-höht sich die Chance, dass Mitarbeiter aus der Generation Y gerne auch langfristig dort arbeiten. Multinationale Unternehmen bieten naturgemäß häufiger Gelegenheit zur Arbeit im Ausland. Sie bieten eher Abwechslung durch verschiedenartige Arbeitsaufgaben. Der Mitarbeiter begegnet unterschiedlichen Kunden und arbeitet eventuell mit ausländischen Kollegen zusammen. Er hat im Zusammenhang mit seiner Arbeit für das Unternehmen mehr Aussicht auf kulturelle Er-lebnisse. Interessant ist für die Generation Y auch die Möglichkeit, durch die Arbeit eine neue Sprache zu erlernen. Jedes Unternehmen muss sich aber angesichts der hohen Erwartungen der Generation Y fragen, inwieweit es die Ansprüche auf Selbstverwirklichung erfüllen kann: Was können wir anbieten und was können wir nicht anbieten? Unklarheit in dieser Hinsicht verkauft sich schlecht und führt zu Irri-tation, Frustration und ineffizienten Entscheidungen.

Durch eine klare Beschreibung der Karrieremöglichkeiten weiß der Arbeitnehmer, ob es Sinn macht, den Arbeitgeber in den Zukunftsplan einzubeziehen. Karrieremöglichkeiten werden formell und informell kommuniziert. Die formellen Wege sollten allerdings bevorzugt wer-den, weil es die Gleichbehandlung der Mitarbeiter fördert und auch das Risiko verringert, dass ein Mitarbeiter einen neuen Job sucht, ohne etwaige Zukunftschancen beim aktuellen Arbeitgeber zu be-rücksichtigen. Formelle Wege sind Folgende:[56]

- Möglichkeiten deutlich machen, z. B. Spezialisierung (Spezialist werden), horizontal (Chef werden) und Projektleiter.

- Karrieremöglichkeiten deutlich kommunizieren, z. B. Aufstiegs-chancen darstellen, um sicherstellen zu können, dass die Personal-angelegenheiten transparent sind und dass alle Chefs und Mitarbei-ter entsprechend informiert werden.

---

[56]   Vgl. Parment & Dyhre (2009).

■ Karrieremöglichkeiten bei Mitarbeitergesprächen grundsätzlich immer einbeziehen.

5.10 Vergünstigungen können den Wettbewerbsvorteil des Unternehmens fördern

Um wettbewerbsfähig zu bleiben und die Attraktivität als Arbeitgeber zu verbessern, können den Mitarbeitern geldwerte Leistungen des Unternehmens und andere Vergünstigungen geboten werden. Wenn es eine durchdachte Strategie dafür gibt, ist die Wahrscheinlichkeit, dass Mitarbeiter überbezahlt werden müssen, kleiner.

Ein Beispiel in dieser Richtung sind Arbeitgeber, die sich um Kleinkinder kümmern. Weil viele Berufsanfänger Kleinkinder haben oder einen Kinderwunsch haben, ist der Arbeitgeber, der sich explizit um Kleinkinder kümmert, im Vorteil gegenüber einem sonst gleichen Wettbewerber. Was kann man tun? Man kann die Möglichkeit einrichten, Kinder gelegentlich in den Betrieb mitzubringen, um sie daselbst zu betreuen. Man kann die Möglichkeiten der Elternzeit mit zuträglichen betrieblichen Arbeitsaufgaben in einer Weise kombinieren, wie sie der/die Mitarbeiter(in) wünscht. Das vermittelt zum einen das beruhigende Gefühl, dass das Unternehmen Kinder wirklich mag und keinen Nachteil für die Karriere darin sieht, dass die Mitarbeiter Eltern werden. Mutterschaft und Vaterschaft fördern die individuelle Kreativität und Effizienz, was auf die Dauer vorteilhaft für den Arbeitnehmer sein dürfte. Zum anderen ist es – zumal in Zeiten, da der sozialen Verantwortung des Unternehmens ein hoher Stellenwert zukommt – natürlich gut für die Reproduktion des gesellschaftlichen Arbeitsvermögens. Außerdem erregen Maßnahmen dieser Art öffentliche Aufmerksamkeit, funktionieren sozusagen als PR-Aktion: Journalisten, Netzforen und andere vertrauenswürdige Quellen reden über das Unternehmen mit positivem Tenor.

Wo derartige Möglichkeiten im Unternehmen nicht gegeben sind, sind Mitarbeiter bei Erkrankung ihrer Kinder gezwungen, zuhause zu bleiben oder den Arbeitsplatz früher zu verlassen. Sie sind deutlich weniger flexibel, als wenn ihnen in solchen Fällen das Unternehmen helfend zur Seite steht. Alles in allem ist es für die meisten Unternehmen günstig, die gebotenen Vorteile für Mitarbeiter mit Kindern zu betonen. Das verschafft der Arbeitgebermarke allgemein ein positives Image und sorgt unmittelbar für Attraktivität speziell in den Augen der Berufsanfänger, die Kinder haben bzw. einplanen.

5.11   Vom Altersprinzip zur Leistungsorientierung

Nicht nur Mitarbeiter in Wirtschaftsunternehmen, sondern Menschen in den meisten Lebensbereichen werden aus Tradition nach dem *Altersprinzip* befördert und entlohnt. Wer älter ist, hat mehr Erfahrung und wird bessere und ausgewogenere Entscheidungen treffen – so die traditionelle Ansicht! Ältere Mitarbeiter hatten schlechthin höhere Einkommen als jüngere Kollegen, und es war relativ leicht für Arbeitgeber, jährliche Lohnkostenerhöhungen zu berechnen. Das Altersprinzip kämpft heute ums Überleben, und immer weniger Unternehmen haben die erforderlichen Ressourcen, Älteren höhere Gehälter zu zahlen, nur weil sie eben älter sind. Ältere Menschen haben mehr erlebt, sie haben Erfahrungen in vielerlei Situationen und haben viele gute Lösungen gesehen. Sie sind sehr wahrscheinlich auch in der Lage, kluge und ausgewogene Entscheidungen zu treffen. Älteren Menschen höhere Gehälter zu zahlen, ist durchaus keine schlechte Idee, und es kann profitabel sein. Das Prinzip, Mitarbeitern höhere Löhne zu zahlen, nur weil sie mehr Dienstjahre haben, ist allerdings weder sinnvoll noch gut für das langfristige Überleben des Unternehmens. Ältere Mitarbeiter sind in der Regel weniger attraktiv im Arbeitsmarkt, weil viele – aber bei weitem nicht alle! – Arbeitgeber den 40- oder 45-Jährigen einem 62-Jährigen vorziehen.

Die Leistungsorientierung tritt immer mehr in den Vordergrund und ersetzt das Altersprinzip. Für junge Menschen von hoher Leistungsfähigkeit eine gute Nachricht, für weniger leistungsfähige ältere Menschen eher das Gegenteil! Die Philosophie eines leistungsorientieren Systems ist, dass Marktkräfte tonangebend sind und dass Marktkräfte bestimmen, wer Erfolg hat und wer nicht. Leistungsorientierung hat mit persönlichen Anreizen zu tun – wer mehr leistet, muss auch mehr verdienen. Um die Leistung beurteilen zu können, müssen adäquate Systeme vorhanden sein. Leistungsorientierung funktioniert besser, wenn Mitarbeiter folgende Merkmale aufweisen:[57]

- Sie sind qualifiziert und gut ausgebildet.

- Sie verfügen über ausreichende Selbstkontrolle und kennen die eigenen Stärken und Schwächen.

- Sie haben den Ehrgeiz, beständig besser werden zu wollen.

Anreizsysteme funktionieren besser,

- wenn Regeln dafür vorhanden sind, wer, wie und wann belohnt und befördert wird.

- wenn solche Regeln zu attraktiven Karrieremöglichkeiten führen.

Bei der Festlegung eines Anreizsystems muss auch die Kontrolle bedacht werden: Auf welche Weise, wie oft und bei wem sollten die Leistungen der Mitarbeiter gemessen und nachverfolgt werden? Gibt es Toleranz bei Abweichungen von Budgets, Standards und Abmachungen?[58]

Obwohl wenig Kontrolle ansprechender erscheinen mag, möchten viele Menschen eine strenge Kontrolle: Sie wollen wissen, was zu erwarten ist, wie Aufgaben erledigt werden sollten und was die Mitarbeiter, gemessen an den Standards, geleistet haben.

---

57 Parment & Dyhre (2009), Kap. 3.
58 Merchant & van der Stede (2007); Parment & Dyhre (2009).

5.12   Die Einstellung der Generation Y zum Arbeitsleben: Generationenkonflikte

Im Folgenden zwei Zitate, die Merkmale der Generation Y verdeutlichen:

„Es ist sehr unwahrscheinlich, dass sich die Generation Y auf das Management vom traditionellen Befehl-und-Kontrolle-Typ einstellt, der noch in vielen der heutigen Belegschaften gängig ist", sagt *Jordan Kaplan,* ein Dozent für Betriebswirtschaftslehre an der Universität auf Long Island in Brooklyn, New York. „Sie sind, ständig ihre Eltern befragend, aufgewachsen, und nun befragen sie ihre Arbeitgeber. Sie wissen nicht, wann man den Mund hält, was toll ist. Aber für den 50 Jahre alten Manager, der sagt, ‚mache es, und mache es jetzt', ist das ärgerlich."

„Arbeiter der Generation Y stehen in dem Ruf, in schleppend vorankommenden Umfeldern, traditionellen Hierarchien und gar etwas überalterten Technologien – d. h. beinah in jeder Hinsicht an den meisten Arbeitsplätzen – Langeweile und Frustration zu erfahren. Eine übliche Reaktion anderer Arbeiter auf diese Frustration ist Verärgerung. ‚Warum müssen wir uns auf sie einstellen? Sie sollen sich auf uns einstellen!'"[59]

Klar ist, dass der Ehrgeiz dieser Generation und die Direktheit, mit welcher kommuniziert wird, zu Konflikten führen können.

Dass ältere und jüngere Mitarbeiter es schwer haben, miteinander zu kommunizieren, ist zwar nichts Neues, es wird aber mit dem Eintritt der Generation Y in die Arbeitswelt deutlicher. Früher war das Altersprinzip tonangebend, d. h., junge Mitarbeiter, die meistens die Zielsetzungen hatten, beim Unternehmen zu bleiben, und dafür gern bereit waren, sich anzupassen, haben Konflikte mit älteren Mitarbeitern eher vermieden. Heutzutage planen junge Mitarbeiter relativ oft, das

---

[59]   Rothberg (2006).

Unternehmen zu verlassen, und sie sind viel mehr als frühere Generationen daran gewöhnt, ihre Meinung zu äußern.

Die Werte sind andere: Ältere bewerten Weisheit, Erfahrung und den Einsatz vieler Arbeitsstunden, Jüngere Leistungen und Erlebnisse. Ältere Normen, z. B. Familienstrukturen, wirken nicht mehr so stark wie früher, und insgesamt sind die Veränderungen der Werte auch bedeutsam für die Vorstellungen darüber, wie, wo, warum und wann gearbeitet werden sollte.

Viele Unternehmen sind stark von den Baby Boomern in der Art und Weise, wie gearbeitet wird, geprägt. Ihre Art und Weise zu arbeiten ist akzeptiert, wird allerdings von der Generation Y in Frage gestellt. Besonders in großen Unternehmen ist es schwierig, etablierte Arbeitsroutinen zu verändern, und wenn durchgreifende Veränderungen vorgenommen werden, führt das nicht selten zu Stress, Frustration und, worauf aufmerksam gemacht werden muss, Nostalgie. Letztere kann leicht mit Erfahrung verwechselt werden: Wer an die guten alten Tage denkt, nimmt Bezug auf seine große und langjährige Erfahrung, obwohl es in manch einer Arbeitssituation wenig sinnvoll ist. Generell gilt, dass junge Mitarbeiter Erfahrung unterschätzen, während ältere Mitarbeiter Erfahrung überschätzen. Nostalgie in einer Diskussion der unternehmerischen Zukunft als wertvolle Erfahrung darzustellen, macht sicherlich wenig Sinn.

Um die Konkurrenzfähigkeit des Unternehmens aufrechtzuerhalten und entwickeln zu können, müssen Fragen des Generationswechsels ernst genommen werden. Fünf Faktoren, die junge Menschen am Eintritt in ein Unternehmen hindern, sind identifiziert worden:[60]

- Unternehmen ändern sich nur langsam, was zur Folge hat, dass es wahrscheinlicher ist, dass junge Mitarbeiter in der vorhandenen Kultur eher sozialisiert werden, als dass sie die Kultur verändern.

- Unternehmen sind komplex und hochentwickelt, mit hohen Anforderungen an die Qualität. Es dauert lange Zeit, bis die neuen Mitarbeiter die Art und das Wesen des Unternehmens verinnerlicht haben.

---

60 Parment & Dyhre (2009).

- Mangel an guter Führung: Bei inhärenten Spannungen zwischen Abteilungen, z. B. der Personalleitung und dem Top-Management, wird es schwierig, das Unternehmen zu führen.

- Unternehmen können sich in der Regel nicht gut beschreiben und darstellen, was es erschwert, junge Leute zu gewinnen.

- Branding wird zu weit getrieben: Junge Menschen sind in der Regel weit gereist, gut informiert und kritisch gegenüber der markenbewussten Gesellschaft. Die Betonung von Branding, konsistenter Ausdrucksweise und standardisierten Kundenprozessen reduziert die Kreativität und macht es schwierig, neue Ideen junger Menschen zu implementieren.

5.13   Arbeitnehmerzufriedenheit

Es ist wichtig, die Zufriedenheit der vorhandenen Mitarbeiter zu messen. Dafür gibt es mehrere Gründe.

- Die Messung des Zufriedenheitsgrades in der Belegschaft liefert wichtiges Feedback über Stärken, Schwächen und kritische Bereiche des Unternehmens. Damit kann das Unternehmen seine Konkurrenzfähigkeit in den Verbraucher- und Arbeitsmärkten verbessern.

- Es wird möglich, Vergleiche zwischen der Attraktivität des Arbeitgebers und der von Wettbewerbern zu führen, vorausgesetzt, entsprechende Daten der Wettbewerber sind vorhanden. Dies ist keine Ausnahme: Durch Rankings und Untersuchungen sowie das Marketing der Wettbewerber werden Daten geliefert.[61]

---

[61] Gelegentlich müssen diese Daten eingekauft werden, z. B. sind Ranking-Berichte von Universum Communications erhältlich.

▪ Es gibt auch Daten über Erwartungen der Mitarbeiter. Einige Mitarbeiter könnten auch schon für einen Wettbewerber gearbeitet haben und aufgrund dessen bestimmte Informationen besitzen.

▪ Daten der Arbeitnehmerzufriedenheit können sehr sinnvoll für Marketing-Zwecke genutzt werden, um erwünschte Mitarbeiter anwerben zu können – „83 Prozent unsere Mitarbeiter sind mit ... zufrieden...".

▪ Die Messung schafft Zeitreihen-Daten, die für die langfristige Entwicklung des Personalmanagements überaus wichtig sind. Zeitreihen, entstanden durch kontinuierliches Sammeln von Daten, sind unschätzbar, um die langfristige Entwicklung der Mitarbeiterzufriedenheit bewerten zu können, desgleichen auch das Wechselspiel zwischen Mitarbeiterzufriedenheit und anderen Faktoren, wie Konjunktur, Profitabilität des Unternehmens und Strategie des Unternehmens.

Methoden zur Steigerung der Arbeitnehmerzufriedenheit erinnern sehr an jene, auf die Politiker üblicherweise in Wahljahren zurückgreifen, um Wählerstimmen auf sich zu ziehen.

5.14 Warum Mitarbeiter uns verlassen

Alle Unternehmen verlieren Mitarbeiter, und sollten das auch – schließlich ist es fraglich, ob eine sehr niedrige Personalfluktuation sinnvoll ist. Die schwedische Tochterfirma eines deutschen Unternehmens macht sich darüber Sorgen, dass die Personalfluktuation von drei auf vier Prozent gestiegen ist. Natürlich ist das eine beachtliche Veränderung, wenn aber genauer hingeschaut wird, hat die Veränderung zur Folge, dass der durchschnittliche Mitarbeiter dort nicht 33 Jahre, sondern nur 25 Jahre arbeitet, was teilweise damit zu tun hat, dass man die Karriere nicht mehr mit 17 Jahren beginnt, sondern später, nach einer höheren Ausbildung z. B. erst mit 25 Jahren. Die Tochterfirma liegt in einem ländlichen Gebiet Schwedens und hat bisher

GRÜNDE FÜR WECHSEL

nur wenige Mitarbeiter aus Großstädten angeworben. Als vor einigen Jahren ein paar Mitarbeiter, die nicht am Firmenstandort leben, dort zu arbeiten angefangen haben, hat sich die Unternehmenskultur verändert, und jetzt geschieht es durchaus, dass Mitarbeiter den Job innerhalb und außerhalb des Unternehmens wechseln.

Wichtig ist, die Gründe zu verstehen, warum Mitarbeiter den Job wechseln.[62]

Ein Jobwechsel an sich bringt psychologische Vorteile, wie z. B. größere Karriere-Chancen, weil es für Leute, die nie den Arbeitsplatz gewechselt haben, immer schwieriger wird, sich im Arbeitsmarkt durchzusetzen.[63]

Studien deuten darauf hin, dass die wichtigsten Gründe, warum Mitarbeiter ein Unternehmen verlassen, Mangel an Einfluss, unattraktive Arbeitszeiten, unattraktives Arbeitsumfeld und unattraktive Arbeitsaufgaben sind.[64]

Andere Faktoren, die zur Beendigung der Anstellung beitragen, sind Feedback und Anerkennung[65], Karrierefortschritt[66], Unternehmenskultur[67] und der Wohlfühlfaktor in Bezug auf die Kollegen und den Vorgesetzten[68].

Einige Studien zeigen, dass eine bestimmte Einkommenshöhe erforderlich ist, um Mitarbeiter gewinnen und längerfristig an das Unternehmen binden zu können – den Unterschied machen dann die psychologischen Faktoren[69]. Außerdem macht die Arbeit mehr Spaß,

---

62 Aspekte, warum Arbeitnehmer den Job wechseln, werden in Kapitel 4 vorgestellt.

63 Ware (2008).

64 Sutherland & Canwell (2004).

65 Ware (2008).

66 Ware (2008); Dychtwald & Baxter, 2007; Boxall et al. (2003).

67 Dychtwald & Baxter (2007).

68 Boxall et al. (2003).

69 Vgl. z. B. Boxall et al. (2003).

wenn die Arbeitsaufgaben mit der Kompetenz und den Erfahrungen des einzelnen Mitarbeiters im Einklang stehen.[70]

Auf die Frage, warum man den Job wechselt, wird vielfach als Grund genannt, dass ein interessanteres und stärker herausforderndes Angebot vorliegt.[71] Eine Studie zeigt, dass die fünf gängigsten Gründe, warum der Job gewechselt wird, folgende sind: Unzufriedenheit mit dem Einkommen und der Entwicklung; wenig Einfluss auf wichtige organisatorische Entscheidungen und die Ausrichtung des Unternehmens; Unzufriedenheit mit der Arbeitszeit; Arbeitsumfeld; Arbeitsaufgaben.[72]

5.15 Schließlich verlassen uns die meisten: Respektvoller Ausstieg

Die meisten Menschen bleiben heutzutage nicht mehr ihr ganzes Arbeitsleben lang beim selben Arbeitgeber, und in den letzten Jahrzehnten hat die Zahl der Arbeitnehmer, die in ihrer beruflichen Laufbahn mehrmals den Job wechseln, kräftig zugenommen. Strategien für Mitarbeiter, die den Arbeitsplatz wechseln, wären nicht notwendig, würden nur sehr wenige Mitarbeiter nicht ihr ganzes berufliches Leben bei ein und demselben Unternehmen bleiben wollen. Das ist aber längst nicht mehr der Fall, und diese Entwicklung muss ernst genommen werden: Es wird immer wichtiger, Informationen über Mitarbeiter, die das Unternehmen verlassen, zu sammeln und zu analysieren. Die Nutzung dieser Daten kann dem Unternehmen sogar einen Wettbewerbsvorteil bringen, weil wir bezüglich früherer Mitarbeiter mehr wissen als die Konkurrenz.

---

[70] Vgl. z. B. Rose (1994).
[71] Boxall et al. (2003); Rose (1994).
[72] Ware (2008).

Informationen zu folgenden Fragen sind für die Entwicklung des Personalmanagements eines Unternehmens sehr hilfreich:

- Welche Mitarbeiter geben die Anstellung auf? Die besten, die nicht so guten oder der Durchschnitt?
- Warum geben sie die Anstellung auf?
- Wohin gehen sie, und was kann der neue Arbeitgeber bieten?
- Wer hat die Möglichkeit, die Entscheidung zu beeinflussen?

Jedes Unternehmen sollte in der Lage sein, diese Fragen zu beantworten, vor allem aber diejenigen, die eine starke Personalfluktuation unter den jungen Mitarbeitern haben, z. B. Partnerorganisationen, Wirtschaftsprüfungsgesellschaften und Rechtsanwälte, öffentliche Organisationen, Zentren für Graduiertenstudien an den Universitäten.

Das Ausscheiden eines Mitarbeiters sollte mit Respekt, Integrität und Großzügigkeit behandelt werden. Das Ziel eines respektvollen Ausscheidens ist erstens, gute Beziehungen mit dem bisherigen Mitarbeiter beizubehalten, sowie zweitens, Informationen, Daten und Wissen über spezielle Erfahrungen der Aussteiger nutzen zu können, um das Personalmanagement weiterzuentwickeln.

Die Mitarbeiter darüber ins Bild setzen zu wollen, wie schlecht die Wahl doch sei, den Job zu wechseln, und wie wenig vielversprechend der neue Arbeitsplatz sein würde, sollte selbstverständlich unterlassen werden. Gleichwohl muss jeder seine Einstellung zu diesem Thema hinterfragen, ob man die Situation und Entscheidung des Mitarbeiters nicht doch etwas besser verstehen kann. Schließlich ist das eigene Unternehmen nicht für jeden stets die erste Wahl – obwohl man sich gerne einer solchen Ansicht anschließen möchte, wenn man dort lange Zeit gearbeitet hat.

Checkliste

☑ Wie steht es um die Rolle und den Umfang des Personalmanagements in dem Unternehmen?

☑ Wie wird Work-Life-Balance definiert und praktiziert?

☑ Gibt es Richtlinien dafür, wie mit den Fragen „Arbeit in der Freizeit" und „Freizeit bei der Arbeit" umgegangen werden sollte? Wenn nicht, funktioniert die Balance für die Mehrzahl der Mitarbeiter?

☑ Wie hat sich die Mitarbeiterloyalität entwickelt? Welche Erklärungen gibt es für eventuelle Veränderungen?

☑ Werden die sozialen Netzwerke der Mitarbeiter für Rekrutierung und Verkäufe genutzt?

☑ Wie oft und auf welche Weise bekommen Mitarbeiter Feedback?

☑ Werden Daten aus Mitarbeiteruntersuchungen im (internen und externen) Marketing benutzt? Diese Gelegenheit sollte öfter genutzt werden – das ist kostengünstig und könnte die Mitarbeiter motivieren.

☑ Werden Daten von Mitarbeitern, die das Unternehmen verlassen, gespeichert und analysiert? Sie bilden eine wichtige Quelle für Informationen zur Mitarbeiterzufriedenheit.

☑ Inwieweit wird das Unternehmen bezüglich der Kriterien für Entlohnung und Beförderung vom Altersprinzip bzw. vom Leistungsprinzip gekennzeichnet?

☑ Welche Generationskonflikte gibt es im Unternehmen? Wie werden sie behandelt?

Handlungsempfehlungen

Work-Life-Balance neu definieren. Nur wenige oder gar keine Unternehmen können sich von der gesellschaftlichen Entwicklung fernhalten und sich vor ihr schützen. Folglich müssen Richtlinien für die neue Situation festgelegt werden. Besonders in Jobs mit hoher Flexibilität aufseiten des Arbeitnehmers ist dieses Thema wichtig. Auch gibt es noch viele Jobs mit nur wenigen Möglichkeiten, sie an anderer Stelle als am Arbeitsplatz im Betrieb auszuführen – Krankenschwestern, Polizisten, Ärzte, Zahnärzte, Jobs in der Fertigung etc.

Eine gute Zusammenarbeit zwischen der Personalabteilung und der Marketingabteilung ist die Basis für erfolgreiches Personalmanagement, wenn es darum geht, einen modernen, mitarbeiterorientierten Arbeitsplatz zu schaffen und Employer Branding ernst zu nehmen. Die Anwerbung von neuen Mitarbeitern ist eine gute Gelegenheit, die Personal- und Marketingabteilungen einander näherzubringen.

Die sozialen Netzwerke von Mitarbeitern können für viele Zwecke genutzt werden: Einladungen für Anwerbung; Produkt-Tests; Fokusgruppen für Produkt-Feedback; zugeordnete Mitarbeiter während der Elternzeit finden etc. – das ist kostengünstig und motiviert einzelne Mitarbeiter.

Nicht nur auf Spitzenkräfte konzentrieren; sie können schnell das Unternehmen verlassen, wenn ein besseres, nicht zu übertreffendes Angebot vorliegt. Überlegen, welche Kompetenzen und Charaktermerkmale die wichtigsten sind, um verschiedene Interessenten in Betracht ziehen zu können. Was für das Unternehmen ein Top-Talent ist, mag als solches nicht auch im allgemeinen Arbeitsmarkt gesehen werden – zum Vorteil für das Unternehmen, das den Betreffenden dann nicht übertrieben hoch bezahlen muss.

Reichliches Feedback ist unverzichtbar, um die besten Mitarbeiter längerfristig an das Unternehmen zu binden. Hier kann jedoch eine Anpassung der Unternehmenskultur notwendig sein, um die Bedürfnisse kompetenter junger Mitarbeiter befriedigen zu können.

Die internen Karrieremöglichkeiten sollten möglichst deutlich dargestellt werden. Da junge Mitarbeiter der Gedanke abschreckt, bei einem Arbeitgeber hängen zu bleiben, sind sie stets an anderen Angeboten interessiert. Wenn die internen Möglichkeiten nicht bekannt sind, erhöht sich das Risiko, dass sich Mitarbeiter externen Angeboten zuwenden. Auch für die Gewinnung neuer Mitarbeiter ist es von Vorteil, attraktive interne Karrieremöglichkeiten präsentieren zu können: Das vermittelt den Eindruck von einem Umfeld mit guten Entwicklungsmöglichkeiten.

6. Fundiertes Employer Branding

Im nachfolgenden Kapitel befassen wir uns mit der Positionierung von Unternehmen in der Wahrnehmung der Arbeitnehmer, mit der Bildung von Arbeitgebermarken, dem so genannten *Employer Branding:* Fragen, die in diesem Kapitel beantwortet werden, sind folgende: Wie kann die Unternehmensidentität deutlicher verankert werden? Wie kann die Arbeitgebermarke wirksamer an verschiedene Zielgruppen kommuniziert werden?

Unabhängig davon, ob Hochkonjunktur oder Konjunkturflaute oder gar Rezession herrschen, ist die systematische Arbeit am Employer Branding für viele Unternehmen geradezu ein Muss. In der Tat: Studien zeigen, dass Unternehmen, die während einer Konjunkturflaute das Employer Branding stoppen, es später schwerer haben, qualifizierte Mitarbeiter anzuwerben.[73] Turbulenzen erleichtern die Profilierung eines Unternehmens, was für clevere Firmen eine Möglichkeit eröffnet, ihre Position aufzuwerten.[74]

Employer Branding ist eine wichtige Investition, unabhängig von der allgemeinen Wirtschaftslage: Zahlreiche Studien bestätigen den Zusammenhang zwischen Employer-Branding-Aufwendungen und der finanziellen Leistungsfähigkeit. Eine Studie weist für den Zeitraum 2000 bis 2002 aus, dass Unternehmen, die in Employer Branding investieren, einen Umsatzzuwachs von 13 Prozent – im Vergleich zu sieben Prozent bei den anderen Unternehmen – sowie ein durchschnittliches Gewinn-Wachstum von 21 Prozent – im Vergleich zu einem Gewinn-Rückgang von 44 Prozent bei anderen – erwirtschaftet haben.[75] Unbestritten werden sich die Anforderungen an die Arbeitgeberattraktivität durch die Generation Y noch deutlich steigern, was

---

[73] Parment & Dyhre (2009).
[74] Guthridge et al. (2008).
[75] Larkan (2007).

auch einen erhöhten Bedarf an Employer Branding nach sich zieht. Die Veränderungen im Arbeitsmarkt setzen Unternehmen unter Druck, die Arbeitgebermarke zu profilieren und besser zu positionieren.[76]

6.1   Die große Herausforderung – Unternehmensattraktivität als Erfolgsfaktor für die Zukunft

Die Zeiten ändern sich, und wir uns mit ihnen. Jedes Unternehmen muss für sich entscheiden, ob Veränderungen als Chance genutzt werden, die Wettbewerbsfähigkeit des Unternehmens durch strategische Maßnahmen zu verbessern. Mit der Veränderung erweitert sich auch der Rahmen für Kreativität in der Arbeit für jeden, der proaktiv ist. Für Nostalgiker allerdings, die sich lediglich die „guten alten Zeiten" zurückwünschen, wird es schwieriger. Die alten Zeiten sind vorbei und sind nicht zurückzuholen. Zu viele Unternehmen, Manager und andere Personen in leitenden Positionen sind nicht bereit, die Generation Y in ihren Verantwortungsbereich zu integrieren.

Unternehmen haben sich neu ausgerichtet. Die neuesten Technologien und die aktuellsten Fachkenntnisse sind gefragt. Erfahrung hat nicht mehr die Bedeutung, die sie einmal hatte. Viele Unternehmen richten sich anders aus – neue Vertriebsstrategien (zum Beispiel Internet-Vertrieb) werden gewählt, Produktionen werden ins Ausland verlegt, Synergien mit lokalen und globalen Partnern werden gesucht. Unternehmen werden größer, und mit zunehmender Konzentration müssen Mitarbeiter mit Fusionen, unterschiedlichen Organisationskulturen und Veränderungsprozessen umgehen. In der Automobilindustrie beispielsweise ist die Anzahl der globalen Konzerne gesunken: 36 waren es im Jahre 1970, 30 im Jahre 1980, 1990 noch 22 und zurzeit

---

[76]   Vgl. Parment & Dyhre (2009); Petkovic (2008).

sind es nur noch 13.[77/78] Mit den Veränderungen werden neue Werte wichtig, die auch bei Mitarbeitern vorausgesetzt werden. Eine Anstellung auf Lebenszeit kann kein Arbeitnehmer mehr erwarten. Je mehr Menschen den Job wechseln, desto häufiger werden Arbeitnehmer, die zehn oder sogar 20 Dienstjahre bei einem Unternehmen verweilen, als „unflexibel und festgefahren"! angesehen. Eine High-Speed-Gesellschaft treibt das Tempo solcher Veränderungen naturgemäß zusätzlich an.

In der Ära der Generation Y bedeuten die Geschichte der eigenen Familie, Geld und Kontakte durchaus nicht wenig, für die eigene Karriere auf jeden Fall aber weniger als in vergangenen Zeiten. Talentierte Personen ohne finanzielle Voraussetzungen und soziale Netzwerke sind von der erhöhten Transparenz der Lage am Arbeitsmarkt begünstigt. Dies alles führt zu neuen Möglichkeiten für nicht entdeckte Talente.

An die neue Marktsituation müssen sich Arbeitnehmer selbstverständlich ebenfalls anpassen. Der HR-Leiter eines mittelständischen Unternehmens meinte, ein Kandidat hätte bei einer Suchmaschinen-Eingabe seines Namens zu wenig Treffer gehabt und sei aus diesem Grund als Leiter der Öffentlichkeitsarbeit abgelehnt worden. Man müsse sich selber vermarkten können und an Messen, Blogs, Cocktailpartys etc. teilnehmen, sonst passe man nicht in die Öffentlichkeitsarbeit, so der HR-Leiter.

---

[77] European Competitive Report.

[78] Die Zahl 13 basiert auf dem Stand von März 2009. Die Entwicklung der Automobilindustrie ist im Jahre 2009 sehr unsicher, und einige Automobilhersteller riskieren, im Jahre 2009 Insolvenz anmelden zu müssen.

6.2 Die Corporate Identity als Grundlage für eine attraktive Arbeitgebermarke

Für die Generation Y gilt Arbeit zunehmend als Ausdruck der eigenen Identität. Man sieht Arbeit und Arbeitgeber als eine Wahl, die man selbst treffen kann, grundsätzlich nicht anders als die Wahl zwischen Produkten und Dienstleistungen, die man als Konsument trifft: Welcher Anbieter kann mehr liefern bzw. leisten, und das möglichst für weniger Geld? Wer hat das emotionalste Produkt? Wer trägt zu meinem persönlichen Image bei?

Die Unternehmens-Identität hat in den letzten Jahrzehnten zunehmend an Bedeutung für die erfolgreiche Unternehmensführung und Unternehmenskommunikation erlangt. Eine formulierte und autoritative Corporate Identity wirkt als Leitlinie der Unternehmensziele, Marktstrategien und Rekrutierungsstrategien. Unternehmen, die ein Corporate-Identity-Denken entwickeln, kennen ihre Stärken und Schwachstellen und können damit offensive, aber ausgewogene und fundierte Strategien wählen und auf diese Weise ihre Wettbewerbsfähigkeit verbessern.

In diesem Zusammenhang sollte Wert auf die *Verbindung zwischen Produktmarke und Arbeitgebermarke* gelegt werden. Jemand, dessen Kenntnis eines Unternehmens, einer Branche oder einer Marke gering ist, assoziiert zunächst die Produktmarke mit dem Unternehmen, selbst wenn eigentlich die Arbeitgebermarke diskutiert wird. Die Erwartungen an das jeweilige Unternehmen als Arbeitgeber basieren in diesem Fall auf der Kenntnis der Produktmarke. Wenn die angebotenen Produkte emotional sind, geht der potenzielle Mitarbeiter davon aus, dass das Unternehmen auch als Arbeitsplatz emotional ansprechend ist. Durch das Image des Unternehmens hat der Abnehmer ein Anspruchsniveau entwickelt, an dem er die Ergebnisse misst. Besteht eine Image-Differenz zwischen dem Erscheinungsbild des Unternehmens (zum Beispiel in der Marktkommunikation) und den tatsächlichen Erfahrungen für Mitarbeiter, entwickelt sich zugleich ein Bedürfnis nach einer Corporate Identity. Die Erwartungen gegenüber der

Marke werden über die Jahre aufgebaut. Identitätsarbeit kann nur wirksam werden, wenn sie langfristig angelegt ist, denn die integrative Kraft aller Komponenten der Marktkommunikation wird sich erst im Langzeitprozess ergeben.[79]

Die Erfahrung zeigt, dass die Corporate Identity – beabsichtigt oder nicht – die Mitarbeiter des Unternehmens fast unmittelbarer betrifft als die Umwelt. Dies hat primär Auswirkungen auf die Identifikation der Mitarbeiter mit dem Unternehmen.[80]

Die Unternehmenskultur und Corporate Identity sind eng miteinander verbunden. Die Unternehmenskultur ist eher ein Ausdruck von Werten, Normen, Leitphilosophie und Denkweisen, die sich im organisatorischen Alltag in allen Bereichen des Unternehmens manifestieren. Jede Aktivität in einem Unternehmen wird durch seine Kultur gefärbt und beeinflusst. Folglich ist die Steuerung der Unternehmenskultur eine effiziente Weise, das Verhalten von einzelnen Mitarbeitern zu beeinflussen: Diejenigen, denen die Kultur der Firma gefällt, leisten mehr und sind zufriedener. Dies hat auch auf das Ansehen der Firma im sozialen Umfeld eine positive Wirkung.[81]

Die Unternehmenskultur hat einen großen Einfluss auf das Unternehmensimage und die Einstellung verschiedener Interessenten gegenüber dem jeweiligen Unternehmen. Eine starke Kultur ist sehr wichtig, da sich bspw. potenzielle Mitarbeiter, wenn sie Kenntnis von dieser Kultur haben, sehr von dem Unternehmen angesprochen fühlen.[82]

Um eine erfolgreiche Arbeitgebermarke (Employer Brand) aufbauen zu können, müssen folgende Elemente berücksichtigt werden:[83]

---

79 Birkigt et al. (1992).
80 Vgl. Birkigt et al. (1992).
81 Parment (2008b).
82 Parment (2008b).
83 Dieser Teil basiert auf folgenden Quellen: Birkigt et al. (1992); Du Gay (2000); Kapferer (2008); Keller et al. (2002); Maier (1992); Olins (2000), Parment (2008a), Parment & Dyhre (2009), Salzer (1994); Salzer-Mörling & Strannegård (2004).

■ *Die unternehmerische Identität kennen* – die Geschichte des Unternehmens und wie Interessenten (z. B. Kunden, Mitarbeiter und Investoren) die Marke, Kultur und Attraktivität des Unternehmens bewerten.

In diesem Zusammenhang muss auch betont werden, dass *der Markt immer recht hat* – wenn Top-Management und Interessenten verschiedene Auffassungen von der Marke des Unternehmens haben, muss man, wohl oder übel, den Interessenten recht geben. Interessenten investieren, kaufen, verhandeln und arbeiten – ihre Auffassungen zählen.

■ *Die wichtigsten Träger der unternehmerischen Identität verstehen* – Mitarbeiter, Produkte, Ausstellungsräume, in der Presse präsente Manager usw.

In dieser Hinsicht gibt es einen großen Unterschied zwischen Waren und Dienstleistungen. Waren zählen über Jahrzehnte zu den wichtigsten Identitätsträgern, z. B. Apple-Computer aus den 80er Jahren und Mercedes-Benz Fahrzeuge aus den 60er Jahren. Diese alten Produkte haben immer noch einen erheblichen Einfluss auf die unternehmerische Identität, sowohl intern als auch extern. Bei Mercedes-Benz wurde die sechste Generation der S-Klasse im Jahre 2005 vorgestellt. Zeitlosigkeit einerseits und Progression andererseits werden im Marketing der S-Klasse – oft als „das beste Auto der Welt" gesehen[84] – gleichzeitig, sozusagen in einem Atemzug, hervorgehoben. Vorgängermodelle der S-Klasse werden stets im Marketing einer neuen S-Klasse benutzt[85], um Geschichte, Kontinuität, Qualität und Progression zu betonen. Ikea-Gründer Ingvar Kamprad hat gesagt, „unsere Produkte sind unsere Identität".[86]

---

84 Die Schlagzeile des auto motor & sport, Heft 8, 1975, war gerade „Das beste Auto der Welt?", was mit einem „Ja" beantwortet werden konnte, als der Mercedes-Benz 450 SEL 6,9 getestet wurde, obwohl ein Testverbrauch von 23,3 Litern schon damals als hoch betrachtet wurde. Alle folgenden S-Klasse-Generationen sind daraufhin untersucht worden, um die Frage „Das beste Auto der Welt?" beantworten zu können.
85 AutoBild (2005).
86 Scherer (1992).

Dienstleister haben die Unterstützung, die von attraktiven Produkten ausgeht, nicht. Eine Dienstleister-Marke basiert auf rein Immateriellem, wie Erfahrungen und Eindrücken; sie muss ohne materialisierte Zeugnisse auskommen.

■ *Die Elemente der Kommunikation verstehen*[87] – Mitarbeiter, Kooperationspartner (Lieferanten, Distributionskanäle, Partner der Öffentlichkeitsarbeit, Co-Branding-Partner usw.), Architektur, Gebäude und Einrichtungen etc., Kundenzentren, Kunden, Werbung etc., alle sind sie Kanäle der unternehmerischen Kommunikation und müssen als solche verstanden werden. Die Kommunikation muss einen einheitlichen Eindruck vermitteln.

■ *Die Ziele der Kommunikation verstehen*[88] – Kunden, vorhandene und zukünftige Mitarbeiter, Medien etc. sind oft wichtige Zielgruppen und werden auch als solche behandelt. Studenten, Lieferanten, Journalisten, Politiker und Arbeitsvermittler sind ebenfalls wichtige Zielgruppen – sie sind allerdings nicht immer als solche identifiziert.

6.3   Die Arbeit als Ausdruck der Ich-Identität

Der Personalvermittler eines mittelständischen Unternehmens erzählt: *„Beim Einstellungsinterview fragt sich die 80er-Generation, ob die Arbeit zu einem passt, nicht, ob man die Arbeit bekommen kann."*[89] Ob die Arbeitsstelle aus Sicht des jeweiligen Arbeitnehmers ansprechend ist, hat nicht nur mit den Arbeitsaufgaben zu tun, sondern auch mit der jeweiligen Unternehmenskultur, mit dem Image und mit dem sozialen Umfeld. Um als Arbeitgeber attraktiv zu sein, reicht es nicht aus, sich auf die Tatsachen zu berufen – mehrere Sinne müssen angesprochen werden und Emotionen müssen geweckt werden.

---

[87]   Birkigt et al. (1992) und der BMW-Fall, S. 381-467
[88]   Greiner (1992).
[89]   Parment (2008b), S. 52.

Identitäten werden immer wichtiger. In der heutigen Zeit, mit ihrem überfrachteten öffentlichen Raum und einer stark erweiterten Marktkommunikation, ist es zunehmend schwieriger, die Zielgruppe zu erreichen. Um effiziente Marktkommunikation gewährleisten zu können, muss eine deutliche Botschaft „rübergebracht" werden. Nur wenn man weiß, wer man ist, kann man mit den Kunden eine tiefe und langfristige Verbindung aufbauen – Unklarheit verkauft sich schlecht und wird von den Kunden als unattraktiv betrachtet. Um für Arbeitnehmer attraktiv zu sein, muss man ebenfalls wissen, wer man ist. Die Identitätsarbeit legt immer das Fundament für die Arbeitgebermarke, die langfristig aufgebaut werden kann, wenn ein deutlicher Wettbewerbsvorteil kommuniziert wird.

6.4   Die Langfristige Ausrichtung des Employer Brandings

Starke Marken bauen immer auf eine konsequente Umsetzung der unternehmerischen Identität und auf zentrale Ideen, die im Unternehmen schon umgesetzt worden sind. Starke Marken sind von Kohärenz und authentischer Attraktivität gekennzeichnet. Um die Vorteile der Marke kommunizieren zu können, muss man das Unternehmen und seine Stärken und Schwächen kennen.

Der Aufbau einer Arbeitgebermarke erfolgt durch einen Top-down-Prozess. Feedback-Möglichkeiten sollten vorhanden sein, denn alle Teile des Unternehmens sollten den Prozess beeinflussen können. Klar ist aber, dass Dezentralisierung und zu viel Freiheit für Akteure, die die Marke repräsentieren, die Kohärenz der Marke gefährden können.

„Als ich bei Novartis eintrat, war die Strategie der Personalbeschaffung dezentralisiert und, als Resultat dessen, uneinheitlich. Jedes Department und jede Region warben lokal an,

so dass es wenig Kohärenz mit der Gesamtmarke gab.
Eine einheitliche Werbung in der Personalbeschaffung zu haben,
ist unerlässlich für den Erfolg der Arbeitgebermarke. "

[Veronica Foote, Global Head of Staffing, Novartis]

Das Prinzip, die Marke überall in gleicher Art und Weise zu präsentieren, bringt nicht nur Vorteile für die Identifikation der Marke, sondern fördert auch die Effizienz: Es spart Kosten, nur eine Version der Corporate Identity zentral aus einer Hand abzufassen und zu präsentieren, desgleichen die darauf fußenden Verlautbarungen, statt dass sich dezentral z. B. 75 Vertragshändler einer Automarke oder 290 Supermärkte einer Handelskette mit diesen Dingen befassen.

Weiterhin zählen zum erfolgreichen Employer Branding die folgenden drei Voraussetzungen:

■ Das Employer Branding sollte von der Personalbeschaffung, dem Recruiting, getrennt werden. Das Recruiting ist die zeitlich begrenzte Periode, einen neuen Mitarbeiter zu finden, das Employer Branding hingegen die langfristige Arbeit daran, die Arbeitgebermarke in Bezug auf vorhandene und kommende Mitarbeiter zu verstärken.

■ Das Employer Branding muss beim Arbeitgeber anfangen: Der Arbeitgeber muss herausfinden, warum ein kompetenter Arbeitnehmer es attraktiv finden könnte, bei ihm zu arbeiten.

■ Das Employer Branding muss dazu führen, dass der Arbeitgeber konkrete Vorstellungen zur Persönlichkeit des jeweils gewünschten Mitarbeiters entwickeln kann. Damit kann an neue Mitarbeiter zielgerichteter kommuniziert werden.

6.5   Der Wettbewerbsvorteil im Arbeitsmarkt: Employer Value Proposition

Die Employer Value Propositon (EVP) – der Wettbewerbsvorteil eines Arbeitsgebers – entspricht der im Verbrauchermarketing benutzten Unique Selling Proposition (USP). Sie gibt dem Arbeitnehmer Antwort auf die Frage „Warum sollte ich ausgerechnet hier arbeiten?", spiegelt also den Wettbewerbsvorteil des Arbeitgebers in den Augen des Arbeitnehmers wider.

Um erfolgreich zu sein, muss die EVP authentisch, attraktiv und differenzierend sein, damit sie von den Zielgruppen als ein echter Vorteil wahrgenommen werden kann.

6.6   Datensammlung und Leistungsmessung

Um die Arbeiten zum Employer Branding effizient durchführen zu können, müssen zuerst Daten über die vorhandene Attraktivität erhoben werden. Die Daten werden in späteren Stufen der Bearbeitung benutzt. Sowohl interne wie auch externe Daten tragen zum Gesamtbild bei. Interne Daten sind z. B. Mitarbeiterzufriedenheit, Karrieremöglichkeiten – wie Mitarbeiter Karriere machen sowie die dafür vorhandenen Möglichkeiten – und demografische Daten der Mitarbeiter. Sinnvoll ist, die für das Employer Branding erforderlichen Daten in den Fragebogen zur Mitarbeiterzufriedenheit zu integrieren.

Fragen, die einbezogen werden können, sind folgende:

- Haben Sie sich in den letzten sechs Monaten um eine Arbeitsstelle beworben? Wenn ja, warum?

- Welches sind für Sie die wichtigsten Vorteile, bei uns zu arbeiten?

- Sind Sie stolz, für das Unternehmen zu arbeiten – warum/warum nicht?

■ Können Sie eine Anstellung bei diesem Unternehmen empfehlen – warum/warum nicht?

Nicht nur die Anzahl qualifizierter Antragsteller für einen Job zählt, sondern auch die Qualität der Bewerber. Es kommt sogar vor, dass Unternehmen Forschung betreiben, um zu verstehen, warum Mitarbeiter ein Angebot nicht akzeptieren.

Externe Daten sind z. B. „Ich-mag-die-Marke-Daten", Rangordnungen von Arbeitgebern und Branchenperspektiven. Ergebnisse von Fragebogen-Aktionen unter Studenten und Berufsanfängern tragen zum Bild darüber, wie die Arbeitgebermarke interpretiert wird, bei.

6.7 Die Attraktivität messen

Die Marktkräfte werden immer deutlicher und betreffen durch die höhere Personalfluktuation auch jedes Unternehmen: Mitarbeiter, die nicht sehr viel leisten, können die fehlenden Leistungen nicht mehr verschleiern. Leistungsstarke Mitarbeiter haben viele Wege, die Erwartungen in ihre Leistungen zu bestätigen, und die Generation Y kennt die effizientesten Methoden, einen guten Lebenslauf zu verwirklichen. Die intensive Konkurrenz in den meisten Branchen zwingt Unternehmen dazu, nur die besten Talente einzustellen, und man kann sich immer weniger leisten, unproduktive Mitarbeiter zu halten. Die Leistungen müssen gemessen werden, um ein genaues Bild von der Produktivität und Effizienz der Firma zu gewinnen – schließlich gelingt es auf Dauer keinem Unternehmen, attraktiv zu sein, wenn es an Effizienz mangelt.

Um den Erfolg des Employer Brandings nachprüfen zu können, sollten relevante Daten gemessen werden, und hier gibt es eine schier unbegrenzte Reihe von Möglichkeiten. Was passt und was eventuell nicht passt, hängt mit der Situation des Unternehmens, vorhandenen Daten und dem Ziel des Employer Brandings zusammen. Nachfolgend ein paar Beispiele dazu:

KPI's
BENCHMARKS

- Zeitspanne zwischen Eintritt des Bedarfs und Anstellung – attraktive Arbeitgeber können den Bedarf an weiteren Mitarbeitern schneller befriedigen.

- Realisierung der erwünschten Persönlichkeitsprofile bei der Personalbeschaffung.

- Relatives Image der Arbeitgebermarke unter strategischen Zielgruppen.

Um langfristig und strategisch messen zu können, sind Zeitreihen unerlässlich, und diese entstehen nur, wenn die Wirksamkeitsmessung des Employer Brandings langfristig angelegt ist.

Ein Modell, anhand dessen die Attraktivität eines Unternehmens umfassend bewertet werden kann, ist der Anwerbungs-Trichter (Recruitment Funnel)[90]. Man gliedert den Prozess der Personalgewinnung in fünf aufeinander folgende Phasen und misst dementsprechend die Unternehmensattraktivität auf fünf gegeneinander abgestuften Niveaus:

Markenbekanntheit (Awareness). Je höher die Bekanntheit unter Zielgruppen, die hier normalerweise breit definiert werden, desto höher die Aufmerksamkeit gegenüber dem Unternehmen. Bei hoher Markenbekanntheit erzielt eine Stellenanzeige eine vergleichsweise große Zahl von Bewerbungen etc.

Vertrautheit (Familiarity). Auf dieser Stufe hat eine Person einige Kenntnis über das Unternehmen, ein Gefühl der Vertrautheit mit dem, was das Unternehmen repräsentiert. Solche Vertrautheit unterscheidet sich jedoch von klarem Bewusstsein: Fragen dazu, wie die Marke wahrgenommen wird, welche Produkte das Unternehmen liefert, wo die Büros und Fertigungsstätten liegen etc., können hier beantwortet werden.

Gefallen finden. Das Gefallen macht den Unterschied. Ein beliebter Arbeitgeber hat eine wesentlich größere Chance, die erwünschten potenziellen Mitarbeiter auf sich aufmerksam zu machen, und wird demzufolge mehr Bewerbungen bekommen.

---

90   Siehe z. B. Universum Quarterly, Issue 1, 2007, p. 8-9.

Bevorzugung und Berücksichtigung. Ein Arbeitgeber wird gegenüber anderen Arbeitgebern bevorzugt, und damit wird eine Anstellung bei ihm ernsthaft in Erwägung gezogen. Der potenzielle Arbeitnehmer lässt sich in den meisten Fällen von Secondhand-Informationen, die er selber aussucht, leiten. Besonders Arbeitnehmer, die im Arbeitsmarkt attraktiv sind, haben hier die Wahl – einige Arbeitgeber gefallen, aber einer wird bevorzugt.

Bewerbung. Um eine Bewerbung zu bekommen, muss das Job-Angebot richtig kommuniziert werden, folglich muss man von bevorzugten Arbeitnehmern Kenntnis haben: Wissen wir, wie sie erreicht werden können? Haben wir eine Liste von bevorzugten Arbeitnehmern? Aspekte, die den Einzelnen daran hindern könnten, seine Bewerbung einzureichen, müssen eliminiert werden. Spontanbewerbungen müssen effizient und zielgerichtet behandelt werden: Attraktive Unternehmen bekommen jährlich unzählige Spontanbewerbungen. Dies ist auch eine Gelegenheit, die Vermarktung der Produkte zu befördern: Wer eine Spontanbewerbung an ein Unternehmen einreicht, hat schon den Anwerbungs-Trichter weitgehend durchschritten, und unsere Produkte gefallen ihm wahrscheinlich.

Akzeptanz. Auf dieser letzten Stufe trifft der Bewerber schließlich seine endgültige Entscheidung. Dabei ist sehr wichtig, wie wir auf ihn wirken – der erste Eindruck zählt. Der Bewerber kommt zu uns, um herauszufinden, ob er für uns arbeiten will. Eine positive, ehrliche und transparente Einführung in das Unternehmen ist von entscheidender Bedeutung, um einen guten ersten Eindruck sicherzustellen. Die erste Lohnverhandlung und Diskussionen zu anderen Bedingungen sind sehr wichtig und sollten natürlich auch die Marktlage widerspiegeln. Attraktive Unternehmen können jedoch in der Regel ein – an der Marktlage gemessen – niedrigeres Einkommen anbieten und trotzdem die besten Mitarbeiter für sich gewinnen. Noch wichtiger als das Einkommen sind für die Generation Y emotionale Wohlfühlfaktoren, wie Spaß, Führung, soziales Umfeld und Entwicklungsmöglichkeiten (vgl. Kap. 3).

138 Fundiertes Employer Branding

Zwischen den verschiedenen Stufen im Anwerbungs-Trichter besteht eine Wechselwirkung. Eine hohe Markenbekanntheit basiert oft zu erheblichem Anteil aus einer erfolgreichen Vergangenheit, die mit einem wohlbekannten Hauptgeschäftsführer, mit besonders innovativen Produkten etc. verbunden ist. Es kann auch durchaus sein, dass die Markenbekanntheit durch negative Erfahrungen gewachsen ist.

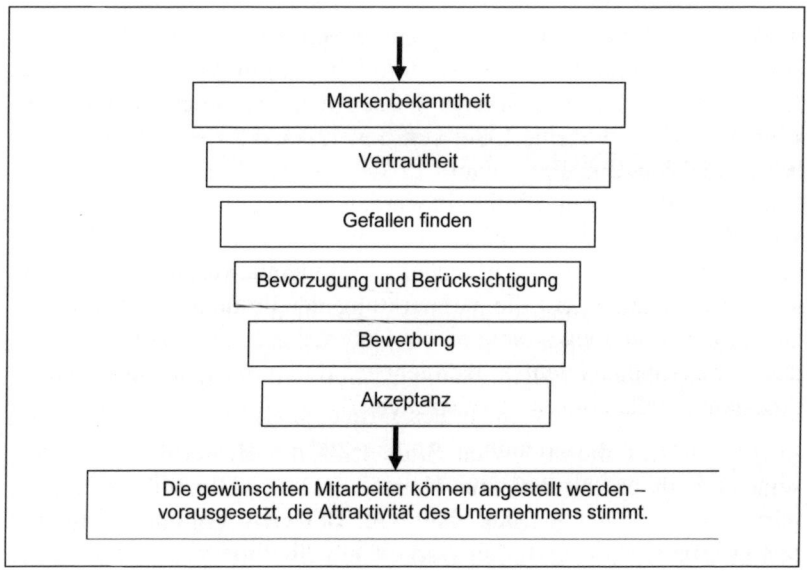

Abbildung 6.1: *Der Anwerbungs-Trichter. Quelle: Parment & Dyhre (2009[91])*

Mit dem Anwerbungs-Trichter wird die Anwerbung wie Produkt-Marketing behandelt. Diese Perspektive gewinnt an Akzeptanz und Einfluss, je mehr die Generation Y den Arbeitsmarkt prägt.[92]

---

91 Parment & Dyhre (2009), S. 81, „The Recuritment Funnel".
92 Vgl. Kapitel 4.

6.8   Bessere Strategien der Personalbeschaffung vollziehen die durchdachte Employer-Branding-Strategie

Die Grundlage für eine starke Arbeitgebermarke sind die Unternehmensattraktivität und durchdachte Strategien für die Kommunikation der attraktiven Botschaft. In der Verhandlungsphase, der letzten Stufe des Anwerbungs-Trichters, ist die *Flexibilität des Angebots* sehr wichtig. Hier gibt es allerdings, auch bei sehr begehrten Arbeitgebermarken, Nachholbedarf: Flexibilität ist angesagt und erfordert ein durchgreifendes Umdenken, was besonders bei großen Firmen schwierig ist.[93]

Manche Arbeitnehmer wollen früher nach Hause gehen und arbeiten gerne abends von zuhause aus. Andere wollen lieber vier Tage lange arbeiten und am Freitag einem Hobby nachgehen. Manche haben gerne acht Wochen Urlaub, anderen sind vier Wochen völlig ausreichend. Manche wollen ein hohes Grundgehalt, ein Bonus ist dafür nicht so sehr von Bedeutung. Andere ziehen ein Modell mit einem kleinen Grundgehalt und einem Riesenbonus bei Erfolg vor. Einige sind vielleicht auch mit den notwendigsten, vom Staat vorgeschriebenen sozialen Leistungen zufrieden, während andere Mitarbeiter viele Nebenleistungen wollen, um Risiken möglichst gering zu halten und die persönliche wirtschaftliche Stellung zu sichern. Der *risikobereite Arbeitnehmer* kann dann selbst entscheiden, was er mit dem Geld erwerben will: soziale Sicherheit über eine private Versicherung, ein tolles Sommerhaus, ein schnelles Auto oder eine Ausbildung für die Kinder. Der *risikoscheue Arbeitnehmer* will weniger eigene Entscheidungen treffen müssen und legt Wert auf Nebenleistungen, die der Arbeitgeber anbietet.

Flexibilität ist für Verkäufer nichts Neues: Der Verkäufer weiß, dass Kunden unterschiedliche Vorlieben und Wünsche haben und gestaltet

---

[93]   Parment (2008b).

demzufolge das Angebot individuell. Im Umgang mit Mitarbeitern sind zahlreiche Unternehmen jedoch überhaupt nicht flexibel; für sie gilt meistens: „Gleiches für alle!". Um das Interesse der Generation Y zu wecken, kann es nur von Vorteil sein, mehr Flexibilität in neuen Bereichen anzustreben.

Wenn die Loyalität der Arbeitnehmer abnimmt und die Arbeitnehmer weniger Engagement und Verantwortung in Bezug auf die langfristigen Absichten des Unternehmens haben, geht man das Risiko ein, dass sich die Zufriedenheit der Mitarbeiter und Kunden sowie die Qualität der Arbeit verschlechtern. Viele Arbeitnehmer werden ihre Leistungen so koordinieren, dass sie davon maximal profitieren. Das sind zweifellos kurzfristige Ziele, und Unternehmen gehen das Risiko ein, nur kurzfristig Erfolge zu haben. Um diese Entwicklung zu kompensieren, muss es Anreize geben, die die Mitarbeiter auch zu längerfristigem Denken anregen – vielleicht sogar auch über ihr Ausscheiden aus der Firma hinaus. Und es muss eine langfristig wirkende, in der unternehmerischen Identität verankerte Kultur geben, die nicht nur einzelne Mitarbeiter betrifft. Selbst wenn viele Mitarbeiter das Unternehmen verlassen, können eine starke Unternehmenskultur und Organisationsidentität dennoch langfristige Ziele, Kundenorientierung, Kompetenz und Konsistenz in den verschiedenen Ausdrucksmitteln des Unternehmens gewährleisten.

Checkliste

☑ Arbeitet das Unternehmen derzeit mit Employer Branding? Wie? Wer ist dafür verantwortlich?

☑ Wie viel kosten die Employer-Branding-Aktivitäten im Jahr? Diese Frage ist nicht ganz einfach zu beantworten, weil die Grenzen zwischen Employer Branding und anderen Aktivitäten, wie e. g. Recruiting, nicht immer klar sind.

☑ Wie wird die Arbeitgebermarke von wichtigen Zielgruppen wahrgenommen?

☑ Welches sind die wichtigsten Träger der unternehmerischen Identität? Welche Mischung aus Waren und Dienstleistungen produziert das Unternehmen?

☑ Welche Wettbewerbsvorteile – Employer Value Propositions – hat das Unternehmen im Arbeitsmarkt?

☑ Inwieweit wird das Recruiting von der Employer-Branding-Strategie beeinflusst? Gibt es eine durchdachte Strategie, nach der bestimmt wird, welche Eigenschaften ein neuer Mitarbeiter besitzen sollte?

☑ Wie wird die Attraktivität der Arbeitgebermarke gemessen? Eine solide Messung reduziert das Problem, dass schlecht fundierte Ansichten und Analysen die Strategien des Unternehmens beeinflussen. Außerdem ist eine kontinuierliche (normalerweise jährliche) Messung eine Voraussetzung, den langfristigen Erfolg zu sichern und bestimmte Probleme zu identifizieren.

Handlungsempfehlungen

Employer Branding – und natürlich auch Consumer Branding – sollte in der unternehmerischen Identität verankert sein. Wer seine Identität nicht kennt, geht das Risiko ein, dass Strategien für Produkte, Marketing und Branding nicht auf dem, was das Unternehmen wirklich kann, basieren. Damit verliert das Unternehmen an Vertrauen, Attraktivität und Rentabilität.

Sicherstellen, dass sich die interne und externe Unternehmenskommunikation auf konsistente, mit der Identität verbundene Weise und unter Einhaltung der Marke vollziehen.

Das erhöhte Interesse an Branding und emotionalem Inhalt ernst nehmen: „Beim Einstellungsinterview fragt sich die 80er-Generation, ob die Arbeit zu einem passt, nicht, ob man die Arbeit bekommen kann." Diese Entwicklung ist grundsätzlich positiv und fördert die Zielsetzung „Jeder am rechten Platz!" – Warum sollte ein präsumtiver Mitarbeiter, der sich von unserem Unternehmen nicht angesprochen fühlt, bei uns arbeiten?

7. Kommunizieren der Arbeitgebermarke

Nachdem eine erfolgreiche Positionierung des Unternehmens in der Wahrnehmung der Arbeitnehmer gelungen ist, ist es an der Zeit, die Arbeitgebermarke wirksam und effizient an die unterschiedlichen Zielgruppen zu kommunizieren. Besonders in der heutigen von kommerziellen Botschaften bedrängten Gesellschaft müssen Botschaften spezifisch, differenzierend und profilierend sein, um einen guten und beständigen Eindruck hinterlassen zu können. Dieses abschließende Kapitel befasst sich mit zentralen Aspekten des Kommunizierens der Arbeitgebermarke.

7.1   Neue Kommunikation erfordert neues Denken

Jedes Unternehmen, das gerne effizient mit der Generation Y kommuniziert, sollte darauf achten, dass die bevorzugten Kommunikationskanäle benutzt werden. Es sollte darauf bedacht sein, dass es ihm an Mut nicht mangelt, traditionelle Kanäle zu verlassen und neue Kanäle zu prüfen. Selbstverständlich kann nicht das gesamte Budget auf neue, bisher ungeprüfte Kanäle verwendet werden. Eine weitreichende Modernisierung der Marktkommunikation wird zumeist nur schrittweise durchgeführt werden können.

Die wichtigsten Kommunikationskanäle, die die Generation Y präferiert, sind Mitarbeiter von künftigen Arbeitgebern, Homepages des Unternehmens und Foren bzw. Homepages, die Berichte derzeitiger respektive ehemaliger Arbeitnehmer anbieten. Hier gibt es vermehrt Möglichkeiten, sich über Arbeitgeber zu informieren, und diese Möglichkeiten werden zunehmend besser organisiert. Ein Beispiel ist www.glassdoor.com, eine Homepage mit Berichten, Interviews und Informationen zu Gehalt, Bonus und Ausgestaltung für rund 25.000

Unternehmen.[94] Hier kann sich ein präsumtiver Arbeitnehmer über verschiedene Arbeitgeber gut informieren.

Die Generation Y zögert auch nicht, im Falle eines zukünftigen Arbeitsplatzes Mitarbeiter des betreffenden Unternehmens zu kontaktieren. „Der Arbeitgeber hat nach Referenzen gefragt – jetzt frage ich beim Arbeitgeber nach", so eine junge Frau, die bei einer Wirtschaftskanzlei einen Job suchte. Es wird immer üblicher, dass ein Arbeitnehmer Gespräche mit Mitarbeitern wünscht, um sich über den ins Auge gefassten neuen Arbeitsplatz zu informieren. Man fragt etwa: „Wie lange hast du hier gearbeitet?" oder „Wie muss ich mich verhalten, um befördert zu werden?" oder „Wie viel muss gearbeitet werden?" Es wird zunehmend schwieriger für einen Arbeitgeber, falsche Informationen über die Arbeitssituation zu kommunizieren.

Die Wahl der für das Employer Branding adäquaten Kommunikationskanäle ist auch eine Frage der allgemeinen Wahrnehmung der Arbeitgebermarke. Wenn die Markenbekanntheit niedrig ist, muss das Unternehmen sich darum bemühen, die Bekanntheit zu steigern. Fehlt die Bekanntheit, wird es schwierig, auf einer Messe neue Mitarbeiter zu gewinnen bzw. das Interesse potenzieller Mitarbeiter zu wecken. Der Anwerbungs-Trichter (siehe Kapitel 6.7/Abbildung 6.1) ist diesbezüglich hilfreich: Um clevere Kommunikationsstrategien etablieren zu können, muss Kenntnis darüber vorhanden sein, wie das Unternehmen gegenwärtig gesehen wird. Erst dann kann die Employer-Branding-Strategie effizient und zielgerecht umgesetzt werden. Viel zu oft werden Kommunikationskanäle gewählt, die von der Zielgruppe nicht bevorzugt werden.[95]

---

[94] Stand Mai 2009.
[95] Siehe Parment & Dyhre (2009).

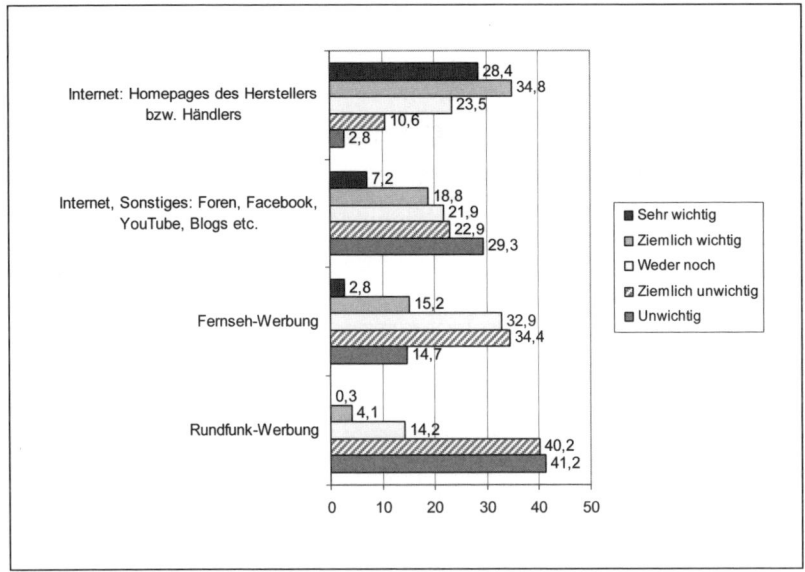

Abbildung 7.1a: *Wie wichtig sind dir im Allgemeinen folgende Kommunika-*
tionskanäle bzw. Informationsquellen? Quelle: Employer
Branding Fragebogen

Kommunizieren der Arbeitgebermarke

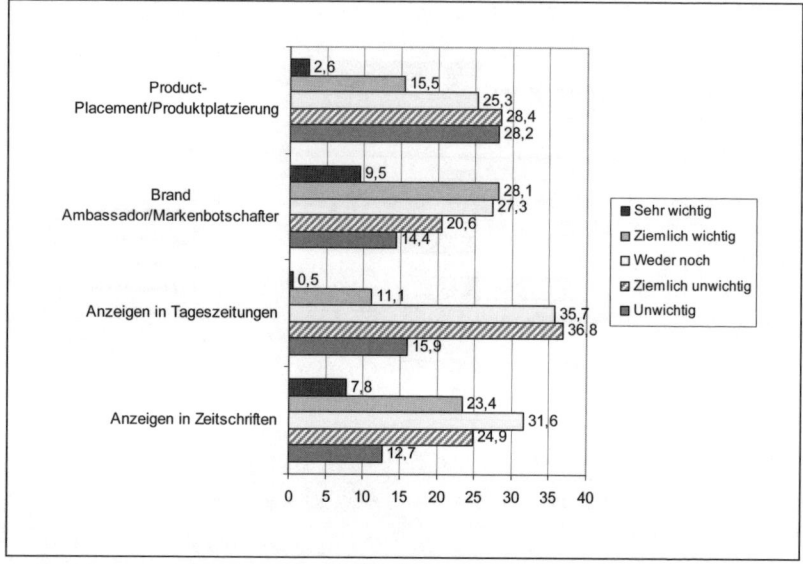

Abbildung 7.1b: *Wie wichtig sind dir im Allgemeinen folgende Kommunika-*
tionskanäle bzw. Informationsquellen? Quelle: Employer
Branding Fragebogen

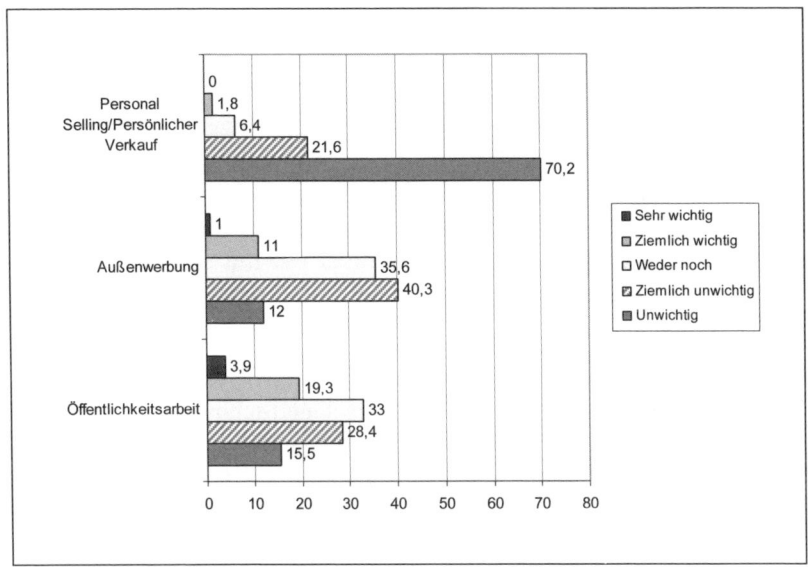

Abbildung 7.1c: *Wie wichtig sind dir im Allgemeinen folgende Kommunikationskanäle bzw. Informationsquellen? Quelle: Employer Branding Fragebogen*

7.2   Der Kommunikationsstil muss die Zielgruppen ansprechen

Da die Homepage eine wichtige Informationsquelle ist, sollte auf die Entwicklung ihres Inhalts sowie auf das Kommunikationsverhalten viel Energie und Aufmerksamkeit verwendet werden. Hier muss aber betont werden, dass die Adressaten der Informationen andere Präferenzen haben können als Empfänger von Informationen der Investor Relations, der Kundenbetreuung etc. Die Kommunikation mit Studenten und Berufsanfängern der Generation Y profitiert von einem direkteren und weniger formellen Stil.

Die Personalabteilung hat in vielen Fällen nur wenig Einfluss auf die Homepage. Es kann jedoch auch von Vorteil sein, wenn die Personalabteilung zum Stil der Kommunikation beiträgt. Eine technisch-nüchterne Sprache passt zwar zum Image eines Ingenieurs, kann aber dazu führen, dass die für das Unternehmen besten jungen Mitarbeiter sich nicht angesprochen fühlen. Hier könnte ein intern-politisches Problem entstehen. Zu beachten ist allerdings, dass der Stil der Employer-Branding-Kommunikation nicht nur mit dem unternehmerischen Kommunikationsstil abgestimmt werden muss; er muss auch die Zielgruppen ansprechen.

Auf Messen und anderen Veranstaltungen mit Mitarbeitern als zentralen Kommunikationselementen hat das Unternehmen die Möglichkeit, das gewünschte Bild des Unternehmens zu vermitteln. Was kommuniziert wird, sollte nicht zu sehr von der Realität abweichen, kann aber durchaus eine gewisse Ausrichtung auf die zukünftige Unternehmensidentität haben. Ein Unternehmen, das Probleme aufgrund eines zu geringen Anteils weiblicher Mitarbeiter hat, kann etwa zu einer Messe drei weibliche und drei männliche Repräsentanten schicken – nur weibliche Vertreter zu schicken, könnte als ein Versuch gedeutet werden, ein Bild, das nicht mit der Realität übereinstimmt, vermitteln zu wollen. Ein Unternehmen, das als kulturell sehr homogen betrachtet wird, kann eine gemischte Gruppe von Mitarbeitern unterschiedlicher Herkunft, Kultur und Lebensstil zur Messe schicken, um einem falschen Eindruck entgegenzuwirken. In der Zusammensetzung seiner Messevertretung sollte das Unternehmen in geeigneter Weise auch dem für die Generation Y so wichtigen Spaß-Faktor Rechnung tragen.[96] Kompetente Mitarbeiter, die „nur" nett und freundlich sind, hinterlassen zwar einen seriösen Eindruck, vermitteln aber nicht unbedingt auch diejenigen Aspekte der Arbeitgebermarke, ohne die sich Adressaten aus der Generation Y weniger stark oder gar nicht angezogen fühlen. Missverständnisse und falsche Vorstellungen,

---

[96] Vgl. 7.19 am Ende des Kapitels – es geht darum, Spaß zu vermitteln, ohne einen unseriösen Eindruck zu hinterlassen. Für Personen der Generation Y muss das keinen Widerspruch bedeuten.

die die Wirksamkeit der Arbeitgebermarke reduzieren, lassen sich hinterher meist nur mit erhöhtem Aufwand korrigieren.

7.3 Marktfragmentierung und zielgruppenspezifische Kommunikation

Die Fragmentierung der Märkte und eine deutliche Individualisierung der Verbraucher reduzieren die Chancen, präsumtive Kunden mit traditionellen Kommunikationsmitteln zu erreichen.[97] Mit der Generation Y wird diese Entwicklung noch viel deutlicher. Dadurch wird es immer schwieriger, die veränderten Präferenzen und Anforderungen aufseiten des Verbrauchers im Marketing zu treffen. Im Arbeitsmarkt ist dieser Aspekt mindestens genauso wichtig, hat dort aber bisher nicht so viel Aufmerksamkeit erlangt wie im Verbrauchermarkt. Um die immer stärker emotional orientierten Arbeitnehmer ansprechen zu können, müssen neue Kommunikationsmethoden her, und Arbeitnehmer, die die Werte und die Kultur mit dem Unternehmen teilen, müssen sorgfältig mit zielgruppenspezifischen Maßnahmen gefunden werden. Wer einen Job sucht, der emotionalen Ansprüchen genügt, dem werden traditionelle Medien schwerlich gerecht, weil sie nicht ausreichend wiedergeben, wie den fragmentierten Arbeitnehmer-Präferenzen Rechnung getragen wird.

Am effizientesten wird die Arbeitgebermarke durch die vorhandenen Mitarbeiter kommuniziert. Wenn unsere Mitarbeiter gerne mit Freunden und Familie sowie in sozialen Netzwerken, Alumni-Vereinen etc. kommunizieren, erhöhen sich der Bekanntheitsgrad der Arbeitgebermarke sowie die Attraktivität des Unternehmens.

Unternehmen müssen das soziale Umfeld der Mitarbeiter und neue Methoden der Kommunikation kennenlernen. Virtuelle Welten, soziale Netzwerke und andere neue Wege, Kontakte aufrechtzuerhalten,

---

[97] Christensen et al. (2006).

gewinnen an Bedeutung und werden von Mitarbeitern genutzt. Man kann nicht mehr sicher sein, dass das Unternehmen die Zentrale für Informationen bildet. Auch in der Marktkommunikation gilt es, der Entwicklung zu folgen. Bisherige Methoden verlieren an Bedeutung, während Internet-Marketing, Event-Marketing und Marketing durch Ambassadeure unserer Marke – um ein paar Beispiele zu nennen – an Bedeutung gewinnen.

7.4 Früh mit der Marktkommunikation beginnen

Junge Menschen sind einfacher zu überzeugen als ältere[98], und Studentenaktivitäten gelten generell als günstige Gelegenheiten, das Unternehmen zu vermarkten. Man muss aber die eigene Identität und Marke kennen. Die Generation Y sucht Erlebnisse und immaterielle Werte – eine emotional aufgeladene Arbeitgebermarke kann zu einem Erfolgsfaktor von großer Bedeutung werden, während eine rein funktionelle und langweilige Darstellung der Marke eher schädlich ist.

Die Generation Y denkt frühzeitig darüber nach, wo sie arbeiten möchte. In den Studienjahren werden Beziehungen zwischen Student(inn)en und Arbeitgebern hergestellt, und es gibt viele Möglichkeiten für proaktive Unternehmen, sich mit talentierten Student(inn)en in Verbindung zu setzen. Studentenvertreter können ausgewählt werden, die dann Botschafter einer Arbeitgebermarke werden. Durch den Studentenvertreter können Gastvorlesungen und andere Studentenaktivitäten kanalisiert werden. Die Profilierung eines Unternehmens als attraktiver Arbeitgeber ist in einer Gesellschaft mit viel Medienlärm sehr wichtig. Wenn man bereits in den Studienjahren eine gute Marktposition auf Basis der Kontakte zu Student(inn)en aufbaut, hat man gute Chancen, die besten Mitarbeiter zu gewinnen.

---

[98] Parment (2008c).

Viele Unternehmen stellen sich auf Messen vor, u. a. Job-Messen und Studenten-Messen, um ihre Arbeitgebermarke gefällig zu präsentieren. Diese Methode schafft natürlich gute Möglichkeiten, Kontakte mit Studenten und eventuellen Mitarbeitern herzustellen sowie ein ordentliches und direktes Feedback darüber zu bekommen, wie Studenten und andere die Arbeitgebermarke verstehen, interpretieren und kritisieren. Die Teilnahme an Messen könnte allerdings die Arbeitgebermarke auch gefährden, weil es viele Kontaktmöglichkeiten gibt und damit auch viele Möglichkeiten, einen schlechten Eindruck zu hinterlassen. Falsche Personen an der falschen Stelle trüben das Gesamtbild. Repräsentation auf einer Messe ist personalintensiv, und der hinterlassene Eindruck ist in hohem Maße von den Personen abhängig, die das Unternehmen auf der Messe repräsentieren.

7.5   Der Employer-Branding-Prozess

Das Verständnis darüber, wie mit der Arbeitgebermarke die Umsetzung der Unternehmensstrategie wirksam unterstützt werden kann, wird wesentlich gefördert, wenn man das Modell des Employer Brandings selbst vor Augen hat.

Nach diesem Modell ist das Employer Branding ein logischer Prozess, der die folgenden wichtigen Aspekte einbezieht:

1. Employer Branding und Personal-Einstellung sollten voneinander getrennt sein. Das Recruiting ist ein kurzfristiger Prozess, bei dem der Arbeitgeber die offenen Stellen zu besetzen hat. Das Employer Branding ist ein langfristiger Prozess, um eine gute Arbeitgebermarke zu kreieren.

2. Das Employer Branding fängt innerhalb des Unternehmens an, d. h., die organisatorische Identität sowie die Stärken und Schwächen des Unternehmens müssen verstanden werden. Nachdem eine tiefgreifende Analyse darüber Klarheit geschaffen hat, muss kommuniziert werden, was das Unternehmen einzigartig macht

und von anderen Unternehmen unterscheidet. Das heißt, ein potenzieller Arbeitnehmer muss sich die Frage beantworten können, warum er ausgerechnet für dieses Unternehmen arbeiten sollte.

3. Das Employer Branding sollte auch dazu beitragen, die idealen
   Mitarbeiter zu finden und einzustellen. Es sind nicht immer die
   Top-Talente, die letzten Endes zu bevorzugen sind; es sollten eher
   die *richtigen Talente* für das Unternehmen sein. Was für den einen
   Arbeitgeber als Top-Talent gilt, muss von anderen Arbeitgebern
   keineswegs als die beste Wahl gesehen werden.

7.6   Die Arbeitgebermarke kommunizieren

Wenn eine Employer Value Propositon (EVP) – der Wettbewerbsvorteil eines Arbeitsgebers – definiert und fundiert ist, muss sie auch
kommuniziert werden. Hier geht es darum, verschiedene Botschaften
und Kommunikationskanäle sowie die Employer-Branding-Aktivitäten zu planen und koordinieren.

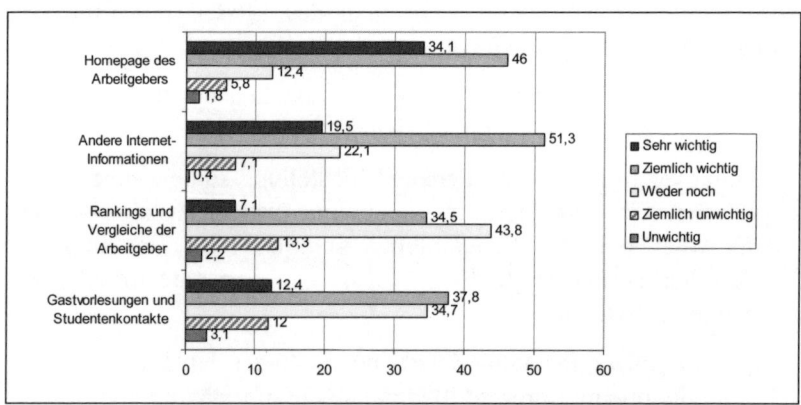

Abbildung 7.2a: *Wie wichtig sind dir folgende Informationsquellen bei der
Suche nach Information über einen Arbeitgeber? Quelle:
Employer Branding Fragebogen*

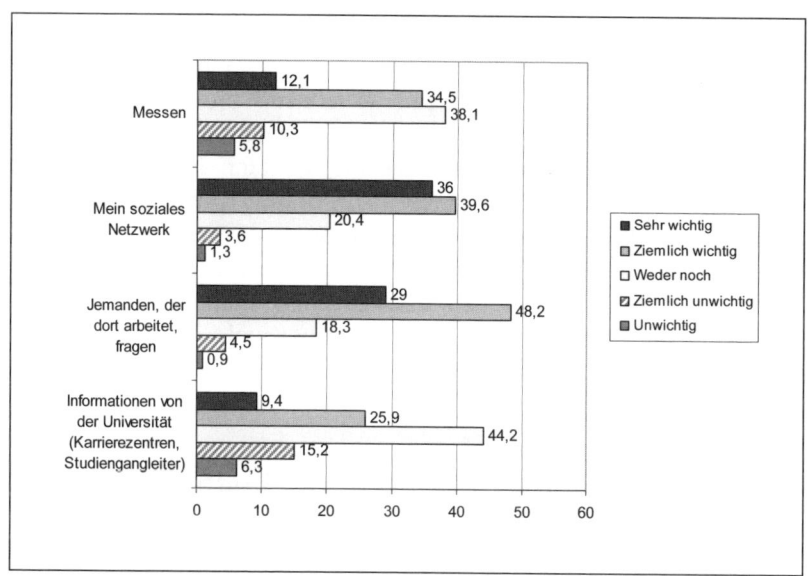

Abbildung 7.2b: *Wie wichtig sind dir folgende Informationsquellen bei der Suche nach Information über einen Arbeitgeber? Quelle: Employer Branding Fragebogen*

7.7 Jeder Arbeitgeber kommuniziert – ob er will oder nicht

> *„ Man kann nicht ‚nicht kommunizieren',*
> *denn jede Kommunikation [nicht nur mit Worten] ist Verhalten*
> *und genauso wie man sich nicht ‚nicht verhalten' kann,*
> *kann man nicht 'nicht kommunizieren'."*[99]

---

[99] Watzlawick (1990), S. 53; Watzlawick ist Begründer einer Kommunikationstheorie, die auf fünf Grundregeln aufbaut. Die ersten beiden sind: 1. Man kann nicht nicht kommunizieren; 2. Jede Kommunikation hat einen Inhalts- und einen Beziehungsaspekt. Siehe auch Achterholt (1988), S. 29. Achterholt betont die immer präsente Kommunikation in einem Corporate-Identity-Kontext.

Es wird immer und überall kommuniziert, und ein Unternhemen kann nicht wissen, wann und von wem kommuniziert wird. Daher ist eine breite Kommunikation auch mit Personen, die nicht für das Unternehmen arbeiten wollen – oder umgekehrt: die das Unternehmen nicht beschäftigen will – wichtig. Es kann darüber diskutiert werden, wie viel Aufmerksamkeit auf diesen Typ von Kommunikation verwendet werden sollte, und auch darüber, wie viel das kosten darf. Fest steht jedoch, dass auch diese „Nichtmitarbeiter" über das Unternehmen reden und gegebenenfalls ihre Ansichten vermitteln, selbst dann, wenn sie auch früher nicht im Unternehmen tätig waren und auch keine Kunden sind.

7.8   Unternehmensidentität als Leitbild

In der Kommunikation darf niemals vergessen werden, dass die ganze Attraktivität in der Unternehmensidentität fundiert sein muss. Wenn die eigenen Mitarbeiter fühlen, dass die äußere Kommunikation mit der internen Kommunikation nicht übereinstimmt, wird das Arbeitgeberimage darunter leiden. Manchmal verwenden Unternehmen auf die Kommunikation mit der Außenwelt viel mehr Zeit und Mühe als auf die Kommunikation mit ihren derzeitigen Mitarbeitern. Wenn dann die Mitarbeiter über ihr Unternehmen aus externen Kommunikationskanälen mehr erfahren als von ihrem eigenen Management, so ist das ein sicheres Zeichen dafür, dass die interne Kommunikation dringend verbessert werden muss.

Ein Unternehmen mit einer starken Arbeitgebermarke hat in der Regel einen relativ offenen Informationsfluss vom Management zu den Mitarbeitern. Damit jedoch die Mitarbeiter als die besten Botschafter für das Unternehmen in Erscheinung treten können, müssen die verschiedenen Bemühungen, die die einzelnen Abteilungen initiieren, synchronisiert werden. Erst dann fußt eine starke Arbeitgebermarke auf einem soliden tragfähigen Fundament.

Emotionen zu kommunizieren, ist wichtig – das muss allerdings sinnvoll vonstatten gehen. Um überhaupt einen Eindruck in einer von kommerziellen Botschaften bedrängten Gesellschaft hinterlassen zu können, müssen Botschaften spezifisch, differenzierend und profilierend sein. Zu allgemeine Äußerungen, auch wenn sie politisch korrekt sowie zeitgemäß sind und gut kommuniziert werden, werden kaum wahrgenommen. Ein Merkmal der heutigen Kommunikationslandschaft ist, dass Unternehmen das Risiko, irgendwelche Interessenten zu irritieren und zu enttäuschen, beinahe zwangsläufig eingehen müssen. Nur Botschaften, die sich aus der allgemeinen Informationsschwemme abheben können, die aufregend und inspirierend wirken, erfüllen die Anforderungen an die Effizienz in der Marktkommunikation.

7.9 Interne Koordination der Kommunikation

Indem das Unternehmen seine Stärken, Schwächen und EVPs kennt, hat es eine solide Grundlage, um die Arbeitgebermarke zu kommunizieren. Auf dieser Stufe muss ein Kommunikationsplan auf jede Zielgruppe zugeschnitten werden, die das Unternehmen zu erreichen versucht. Die Kommunikation muss effektiv sein, um Ressourcen des Unternehmens zu sparen und sicherzustellen, dass das Marketing das Geld weise ausgibt.

Die Kommunikation der Arbeitgebermarke muss nicht nur mit anderen Abteilungen und internen Aktivitäten koordiniert werden. Das Employer Branding muss auch mit anderen Marktkommunikationskanälen koordiniert werden, weil Kunden zugleich potenzielle Mitarbeiter sein können – im Verbrauchermarkt gibt es immer eine gewisse Übereinstimmung zwischen Arbeitgebermarke und Produktmarke.

Personen, die für die Arbeitgebermarke verantwortlich sind, sollten sich darum bemühen, anderen Kollegen in Bezug auf den Informationsgrad voraus zu sein. Wer proaktiv arbeitet und sich über geplante Aktivitäten der verschiedenen Abteilungen informiert, hat gute Voraussetzungen, die Employer-Branding-Aktivitäten gut zu koordinieren und timen. Wer darauf wartet, das ihn Kollegen über geplante Aktivitäten informieren, wird viele Informationen erst spät bekommen. Folglich werden sowohl Kollegen wie auch Adressaten der Employer-Branding-Aktivitäten diese schlecht koordiniert finden. Fragen wie „Warum wurde unsere Abteilung nicht informiert?" oder „Warum wurde das Employer-Branding-Material für die Gastvorlesung nicht geschickt?" oder „Warum war der Vertriebsleiter nicht da – er/sie hätte gerne teilgenommen und war schon in der Stadt?!" führen zu Frustration sowie geringerer Effizienz und sollten vermieden werden.

7.10 Der Einfluss des Unternehmens auf die Kommunikation

Die Generation Y ist an hohe Transparenz gewöhnt und bevorzugt Kanäle mit offener Kommunikation. Ein Unternehmen mit einem lebendigen Intranet sollte sich überlegen, die Informationen auch für potenzielle Arbeitnehmer zu öffnen. Wie geheim müssen die Informationen gehalten werden? In einer transparenten Welt hat ein Unternehmen kaum Chancen, sich vor der Öffentlichkeit abzuschirmen. Mitarbeiter reden, denken und diskutieren. Sie werden gefragt und befragt. Wie kann denn da die Schnittstelle Mitarbeiter – Nichtmitarbeiter kontrollierbar gehalten werden? Schließlich können sich sowohl Kunden wie auch potenzielle Arbeitnehmer und andere Interessenten ausführlich über das Unternehmen informieren. Es stellt sich, bezogen auf den Einstellungsprozess nur die Frage, ob die Informationen *durch das Unternehmen* oder *außerhalb des Unternehmens* vermittelt werden. Ersteres ist natürlich vorzuziehen: Das Unternehmen behält einigermaßen die Kontrolle, potenzielle Arbeitnehmer und andere Interessenten fühlen, dass sich das Unternehmen um sie kümmert, und das Unternehmen hat die Chance, die

Arbeitgebermarke direkt an die Zielgruppen zu kommunizieren. Wenn Homepages wie www.glassdoor.com nicht Realität sind, gibt es kaum Argumente, die Informationen aus dem Intranet für potenziellen Arbeitnehmer zu sperren.

7.11 Für Unterstützungsfunktionen rekrutieren

> *„Kommunikationsmaterial ist das endgültige Bindeglied*
> *zwischen Arbeitgeber und Arbeitnehmer.*
> *Es sollte die Unternehmensidentität und das,*
> *was der Arbeitgeber zusammen mit vorhandenen*
> *und künftigen Arbeitnehmern ins Werk setzen will, widerspiegeln. "*
>
> [Parment & Dyhre, 2009]

Ein Problem entsteht, wenn Mitarbeiter für einen Bereich rekrutiert werden sollen, der – wie häufig vertreten wird – nicht direkt zum Kerngeschäft gehört, sondern eher unterstützende Funktionen wahrzunehmen hat: ein Rechtsanwalt in der Lebensmittelkette, ein Betriebswirt im Krankenhaus oder ein Ingenieur in der Gesundheitswirtschaft. Wenn die folgenden Punkte nicht beachtet werden, riskiert das Unternehmen, das Potenzial der Arbeitgebermarke nur bedingt nutzen zu können, d. h., die für das Unternehmen besten potenziellen Mitarbeiter ziehen das Unternehmen als zukünftiger Arbeitgeber gar nicht erst in Betracht.

1. Sicherstellen, dass spezifische Kommunikationsmaßnahmen durchgeführt werden. Hier geht es darum, kleine Segmente zu finden und eher durch interpersonelle Beziehungen zu kommunizieren – Massen-Marketing funktioniert hier nicht. Betriebswirte für Jobs im Krankenhaus sind schwer zu finden, wenn keine zielgruppenspezifische Kommunikation stattfindet.

2. Verstehen, dass die besten Spezialisten für unterstützende Aufgabenbereiche nicht für uns arbeiten wollen, wenn man sich nur mit den Branchen befasst, die unsere Hauptprofessionen vertreten.

Eine Lebensmittelskette hat nur wenige Juristen, und so braucht man kompetente und clevere Mitarbeiter, die ein Interesse an der Branche haben sowie qualifizierte Juristen sind. Wenige Juristen bzw. Jura-Student(inn)en kommen auf die Idee, in der Lebensmittelsbranche zu arbeiten – im schlimmsten Fall bewerben sich nur die um den Job, die woanders keinen finden können. Dass ein führender Lkw-Hersteller wie MAN oder Scania qualifizierte Ingenieure findet, ist eine Folge beliebter und qualitativ hochwertiger Produkte sowie zufriedener Mitarbeiter (wenigstens solange die Konjunktur nicht nachlässt). Gute IT-Techniker, Juristen und Verhaltenswissenschaftler brauchen sie natürlich auch, obwohl in geringerer Anzahl als Ingenieure – diese Fachleute ziehen es jedoch oft vor, dort zu arbeiten, wo die eigene Profession die Kernkompetenz des Unternehmens verkörpert bzw. mitverkörpert.

Banken haben einen großen Bedarf an qualifizierten Mitarbeitern aus der IT-Branche. Bewerber mit diesem Hintergrund sehen sie allerdings nicht als potenzielle Arbeitgeber.

7.12   Kommunikation des Employer Brandings bzw. der Arbeitgebermarke

Die Kommunikation des Employer Brandings bzw. der Arbeitgebermarke ist ein Kontinuum, das sich am Ende in zwei Wege gabelt:

1. Allgemeine Kommunikation zur Stärkung des Employer Brandings unter allen Zielgruppen.

2. Zielgruppenspezifische Kommunikation bei der Realisation der allgemeinen Branding- und Marketing-Strategien auf die einzelnen Gruppen zugeschnitten.

Beide Kommunikationstypen sind sinnvoll. Abbildung 7.1 zeigt die Anwendungsbereichen der Employer-Branding-Kommunikation. In den meisten Fällen wird die breitgefächerte Kommunikation benutzt, um generelle Auffassungen zu verändern, während die spezifische Kommuniktion verwendet wird, um spezifische Zielgruppen zu rekrutieren.

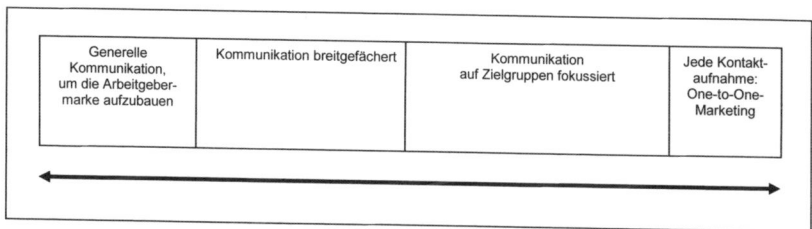

Abbildung 7.3: *Das Ziel der Kommunikation des Employer Brandings variiert mit den Bedarf. Quelle: Parment & Dyhre (2009), S. 135*

Die Notwendigkeit der breitgefächerten Kommunikation – linke Seite der Abbildung 7.3 – hängt stark mit zwei Aspekten zusammen, die in Abbildung 7.4 konzeptualisiert sind, nämlich erstens damit, ob das Unternehmen in einem Verbrauchermarkt operiert (horizontale Dimension der Abbildung) und zweitens damit, ob das Unternehmen Produkte oder Dienstleistungen von allgemeinem Interesse anbietet, so dass das Employer Branding einen breiten Kreis von Verbrauchern potenziell anspricht (vertikale Dimension).

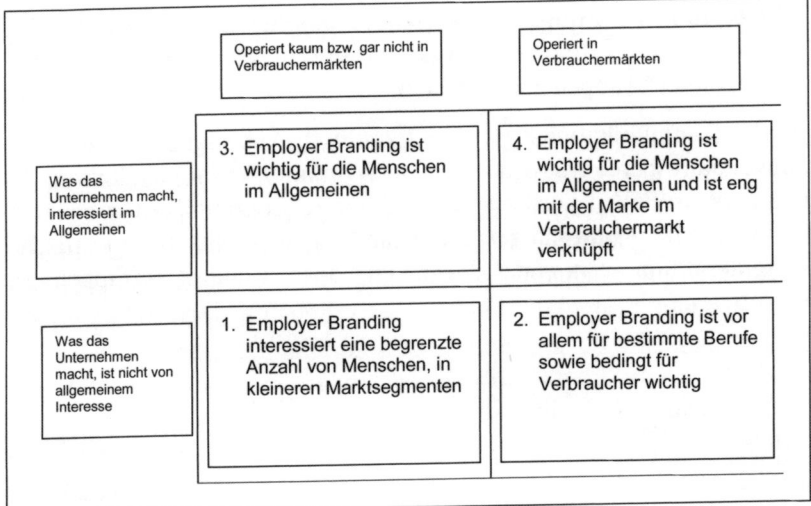

Abbildung 7.4: *Bereiche der Employer-Branding-Kommunikation. Quelle: Parment & Dyhre (2009), S. 136*

In den beiden Fällen 1. und 2. muss die breite, allgemeine Kommunikation nicht priorisiert werden. Wenn beide Dimensionen – die vertikale und die horizontale in Abbildung 7.4 – erfüllt sind, gibt es eine starke Überschneidung zwischen Produktmarke und Arbeitgebermarke. Bekannte Beispiele sind Microsoft, Toyota, nationale Eisenbahngesellschaften, Telefongesellschaften, Tankstellen, Unternehmen in der Unterhaltungsbranche etc. Die Menschen gehen davon aus, dass diese Unternehmen als Produktanbieter und Dienstleister ähnlich wirken. (2.) repräsentiert zahlreiche Unternehmen sowie viele Organisationen im öffentlicher Bereich mit wenig spezifischer Kommunikation der Marke. Employer Branding ist hier zwar nicht unwichtig, aber der Umfang des Employer Brandings muss je nach Kontext, Zusammenhang und finanziellen Prioritäten erwogen werden. Wenn die Überschneidung zwischen Produktmarke und Arbeitgebermarke stark ist (4.), assoziieren die Menschen sofort eine Reihe von Vorstellungen der Produktmarke, wenn sie an das Unternehmen als Arbeitgeber denken.

7.13   Produktmarke und Arbeitgebermarke

Besonders deutlich wird die Situation gemäß Beispiel 4 in Abbildung 7.4, wenn das Unternehmen ein typisches Dienstleistungsunternehmen ist, das physische Produkte kaum oder überhaupt nicht anbietet. Die Deutsche Bahn ist dafür ein gutes Beispiel: Pünktlichkeit, Kundenbehandlung, Kundenpflege, Qualität der Internetbuchung und Sauberkeit am Bahnhof – alles das sind Faktoren, die das Erlebnis, mit der Deutschen Bahn zu fahren, prägen. Falls jemand erwägt, einen Job bei der Deutschen Bahn zu suchen, entspricht die Arbeitgebermarke zunächst nur den Erlebnissen als Fahrgast, bis Erfahrungen mit der Personalabteilung und aus anderen Kontakten mit der Deutschen Bahn als Arbeitgeber hinzugekommen sind.

Wenn die Arbeitgebermarke und die Marke im Verbrauchermarkt sehr eng miteinander verknüpft sind, wird es schwierig, zwischen beiden Marken zu differenzieren. Am schwierigsten ist es, aus diesem Verbund die Arbeitgebermarke zu isolieren, weil sie in den meisten Fällen weniger bekannt ist als die Produktmarke. Personen, die keinerlei Erfahrung mit dem Arbeitgeber haben, assoziieren ihre Vermutungen und Erwartungen zuerst mit den Produkten. Jonas Bjurman[100] begann 2008 bei Audi mit der Händlernetz-Entwicklung: *„Schon bevor ich angefangen habe, hatte ich die Gelegenheit, die gesamte Produktpalette zu erleben. Alle zwei Wochen bekam ich ein neues Auto – bis ich sämtliche Modelle geprüft hatte"*. Dass Mitarbeiter die Marke erlebt haben, sollte eine Selbstverständlichkeit sein – ist es aber nicht. Besonders ein neuer Mitarbeiter ist ein sehr wichtiger Kommunikationskanal. *„Schon im ersten Monat haben mich einige Freunde gefragt, wie sich ein Audi fährt im Vergleich zu der Marke, die ich vorher gefahren habe. Ohne die Produkterlebnisse wäre diese Frage schwierig zu beantworten"*, meint Jonas Bjurman. Auch im Übrigen sind die ersten Erlebnisse mit Audi ein gutes Beispiel dafür, wie ein neuer Angestellter eingeführt werden könnte.

---

[100] Das Interview wurde von Anders Parment im Mai 2009 geführt.

„Alles hat von Anfang an gut funktioniert, und ich wurde herzlich von meinen Kollegen begrüßt." Eine wichtige Erklärung sind die guten Produkte, meint Jonas Bjurman: *„Viele von meinen Freunden fahren gerne Audi, es ist für viele Menschen ein Traum-Auto. Und die meisten Freunde haben Assoziationen zu den Autos gehabt, nicht zu dem, was ich eigentlich bei meiner neuen Arbeit tue."*

Wichtig ist, nach einer erfolgreichen Einführung in das Unternehmen zu halten, was versprochen worden ist, und das kann kaum gelingen, wenn die Attraktivität des Unternehmens fehlt. Eine Konjunkturflaute und damit verknüpfte Einsparungen schränken die Freude an der Arbeit noch nicht notwendigerweise ein: *„Wir mussten gewisse Einsparungen machen, nicht aber zu Lasten der Händler, die gute Stimmung konnte aber beibehalten werden, die Händler sind noch stolz darauf, mit Audi zu arbeiten, weil wir schon einige Jahren sehr erfolgreich gewesen sind, und Händler sowie Audi-Angestellte mögen die Marke."*

Die Beziehung zwischen Produktmarke und Arbeitgebermarke muss unterstrichen werden: Selten ist diese Beziehung so stark wie bei emotionalen Produkten – Autos, Bekleidung und Restaurants. Wer die Produkte nicht mag, sollte sich einen anderen Arbeitgeber suchen, weil jeder Mitarbeiter zugleich auch – sozusagen rund um die Uhr – Ambassadeuer der Marke ist. Dies setzt auch den Arbeitgeber unter Druck, Produkte zu entwickeln und herzustellen, die seine Mitarbeiter ebenfalls mögen. Mitarbeiter können auch als sehr wichtige Feedbackkanäle fungieren. Das setzt Mitarbeiter mit Fingerspitzengefühl voraus: Sie sollten erkennen und verstehen, wie sich die Auffassung/ Wertschätzung der Marke nach außen entwickelt.

7.14 Eine starke Arbeitgebermarke spiegelt ein attraktives Unternehmen wider

Eine zentrale Einsicht der Marketinglehre ist die, dass eine starke Marke nicht erstellt werden kann, wenn die Attraktivität der Produkte fehlt. Mit anderen Worten, eine starke Marke spiegelt Produkte und Angebote wider, die über die Zeit hin attraktiv sind. Allerdings kann schlechtes Marketing dazu führen, dass die Attraktivität nicht publik wird und dadurch das Potenzial, das in ihr steckt, nicht ausgeschöpft werden kann.

Gleiches gilt für das Employer Branding: Es muss kommuniziert werden. Erst dann kann das Unternehmen die Vorteile einer starken Arbeitgebermarke voll ausnutzen.

Die Welt wird immer transparenter. Das erschwert es u. a., Botschaften zu kommunizieren, die nicht die tatsächlichen Verhältnisse am Arbeitsplatz widerspigeln.

7.15 Wie stärkt man die Arbeitgebermarke durch Kommunikation?

Kommunikation an sich kann die richtige Strategie sein, die langfristige Arbeit am Aufbau einer starken Arbeitgebermarke zu beginnen. Dafür gibt es viele Gründe, insbesondere:

1. Werden Informationen unter Nutzung positiver Konnotationen kommuniziert, können psychologisch aufbauende Wirkungen erreicht werden. So kann es z. B. für den Einfluss auf die Stimmungslage im Unternehmen einen erheblichen Unterschied ausmachen, ob man etwa sagt: „12 Prozent unserer Mitarbeiter sind mit der Arbeit unzufrieden", oder ob man sagt: „88 Prozent unserer Mitarbeiter sind zufrieden".

2. Eine Kultur des Klagens wird zumindest teilweise durch ein positives Arbeitsklima ersetzt – meistens gab es zuvor keinen oder nur wenig Einfluss vonseiten der Unternehmensleitung auf die negativen Einstellungen – jetzt versucht die Leitung, positive Ergebnisse und Ereignisse zu identifizieren und zu kommunizieren.

3. Plötzlich nehmen Mitarbeiter und Führungskräfte Fortschritte und Stärken wahr, die vorher nicht kommuniziert wurden.

Viele Unternehmen haben die eigenen Stärken in Bezug auf den Arbeitsmarkt nicht entdeckt und identifiziert – und folglich auch nicht kommuniziert. Folgende Stärken und Vorzüge können als Wettbewerbsvorteile im Hinblick auf potenzielle Mitarbeiter gelten – oder wenigstens ein Grund für eine erhöhte Attraktivität sein:

1. Standort – Liegt das Büro bzw. der Arbeitsplatz in der Stadtmitte bzw. in einer anderen attraktiven Gegend? Wenn die Antwort „Ja!" ist, könnte das ein Wettbewerbsvorteil sein.

2. Mitarbeiterzufriedenheit – Daten und Ergebnisse von Mitarbeiter-Fragebogenaktionen und anderen Untersuchungen unter der Belegschaft können interessante Informationen enthalten, die sich im Employer-Branding-Prozess sinnvoll nutzen lassen.

3. Produkte – Besonders in den Bereichen Ingenieurwesen, Informatik und Medizintechnik ziehen es viele potenzielle Mitarbeiter vor, für ein Unternehmen zu arbeiten, das attraktive Produkte entwickelt, herstellt und vermarktet.

4. Bezahlung und andere finanzielle Vorteile – Gibt es Möglichkeiten, relativ schnell Partner bzw. Teilhaber/Inhaber zu werden und damit wesentlich mehr Geld zu verdienen?

5. Internationale Karriere – Die Möglichkeit, im Ausland zu arbeiten, in Form von Dienstreisen oder indem man dorthin zeitweilig entsendet wird, lockt viele Arbeitnehmer gerade aus der Generation Y.

Natürlich sind noch weitere Vorzüge denkbar, die es wert sind, kommuniziert zu werden.

7.16　Liefern, was versprochen wird!

„Wir sehen die Arbeitgebermarke als ein Produkt, das wir verkauft haben und das Arbeitnehmer gekauft haben. Es ist uns wichtig zu wissen, dass sie nach der Lieferung zufrieden sind, und sicher zu sein, dass wir die Versprechungen einhalten, die wir ihnen gegeben haben. "[101]

Dieser Aspekt unterscheidet sich nicht von der Durchsetzung anderer wichtiger Strategien, wie die Umsetzung einer Strategie der sozialen Verantwortung des Unternehmens, einer Strategie der permanenten Qualitätsverbesserung und Sicherung der Kundenzufriedenheit oder die Durchsetzung eines neuen Personalmanagements – was versprochen wird, sollte auch geliefert werden. Ziele zu haben und zu kommunizieren, ist vergleichsweise einfach, sie durchzusetzen, ist ungleich schwerer. Die Menschen – Führungskräfte, Politiker, Mitarbeiter, Akademiker und Unternehmensanalytiker eingeschlossen – sprechen eine Menge von Dingen, manchmal unter Druck von verschiedenen Interessengruppen. Je transparenter die Welt, desto schwieriger, die Aussagen zu verstecken und vergessen zu machen!

7.17　Transparenz und die neue Informationslandschaft: Zentralisierung der Informationsausgabe

Die erhöhte Transparenz hat ein paar wichtige Auswirkungen auf das Informationsmanagement des Unternehmens. Auf der einen Seite werden Aussagen einfacher gespeichert – jeder kann mit dem Handy aufnehmen und filmen. Zudem gibt es viele Möglichkeiten,

---

101 Jean-Claude Le Grand, Corporate Strategic Recruitment Director, L'Oréal: Le Grand (2005), S. 61.

Aussagen, Versprechungen und Eindrücke im Internet zu diskutieren. Auf der anderen Seite will ein Unternehmen, dass Mitarbeiter als Kommunikationskanäle fungieren. Spricht diese Entwicklung für eine gewisse Steuerung der Kommunikation? Es gibt ganz klar Argumente dafür, die Kommunikation zu steuern, weil eine Zentralisierung der Informationsausgabe die Aufblähung der Informationen minimiert. Das Problem ist, dass eine Strategie der Zentralisierung sich nur bedingt mit einer Strategie des Employer Brandings durch soziale Medien kombinieren lässt.

Die Generation Y kommmuniziert gerne mittels sozialer Medien – Facebook, Internet-Foren, Blogs etc., allerdings gerne auch von Angesicht zu Angesicht. Dieser Typ von Kommunikation ist schwer zu kontrollieren, und so besteht das Risiko, dass Unternehmen einerseits versuchen, die Informationsausgabe durch Zentralisierung zu steuern, andererseits aber nicht mitbekommen, dass die Informationen, die von Mitarbeitern übermittelt werden, an Bedeutung und Umfang zunehmen. Das Ergebnis ist klar: Auf diese Weise ist eine Dezentralisierung entstanden, und diese Entwicklung wird noch schneller verlaufen, wenn Abnehmer der Information sich von der zentralisierten Informationsausgabe ebenfalls nicht angesprochen fühlen. Die Entwicklung der Informationsnutzung spricht eher dafür, dass soziale Medien und direkte Informationen von Mitarbeitern an Bedeutung gewinnen.[102] Die zentralisierte Informationsausgabe wird naturgemäß als zu allgemein, standardisiert und „langweilig" gesehen.

Es gibt nur eine Lösung: ein lebendiges, schönes und transparentes Arbeitsumfeld erschaffen und den Mitarbeiter als einen natürlichen Bestandteil in die Unternehmenskommunikation einbeziehen! Die Informationsausgabe könnte allerdings gesteuert werden; es sollte hier jedoch eine Zusammenarbeit mit den Botschaftern – den Mitarbeitern – geben: Mitarbeiter in der Unternehmenskommunikation machen die Arbeitgebermarke lebendig und interessant. Wenn die Kommunikation solide in der Unternehmensidentität und der Unternehmensstrategie verankert ist, fällt es leichter, einzelne

---

[102] Siehe Parment & Dyhre (2009).

Mitarbeiter mit Kommunikationsaufgaben zu betrauen – beste Voraussetzungen für eine lebendige und attraktive Kommunikation.

7.18 Menschen machen den Unterschied – wähle Mitarbeiter, die das Unternehmen bestens repräsentieren

In den vorigen Kapiteln wurde herausgearbeitet, dass die Mitarbeiter sehr wichtig sind, um das Employer Branding realisieren zu können und um die Arbeitgebermarke mit Leben zu erfüllen. Obwohl jedes größere Unternehmen viele Mitarbeiter unterschiedlicher Profilierung hat, ist die Auswahl von Mitarbeitern, die für die externe Kommunikation besonders gut geeignet sind, keine ganz einfache Aufgabe. Die Wahl muss intern-politische Erwägungen und Widerstände überstehen – wer schon lange dem Unternehmen angehört oder gute Leistungen vorweist, ist nicht unbedingt der Beste für die externe Kommunikation. Bestimmte Menschen sind für ein mediales Umfeld einfach besser geeignet als andere.

7.19 Fallen bei der Wahl von Mitarbeitern für die externe Kommunikation

Basierend auf Erfahrungen aus erfolgreichem Employer Branding, sollten die folgenden Typen von Mitarbeitern in der externen Kommunikation vermieden werden:

- ■ Mitarbeiter, die zu jung und/oder unerfahren sind. Zuerst muss der Mitarbeiter die Fähigkeit erwerben, jenseits von Standard-Phrasen zu denken, und das gelingt nur bedingt, wenn der betreffenden Person Erfahrungen mit dem Arbeitgeber noch fehlen. Der

Kandidat muss die Unternehmenskultur verinnerlicht haben. Die Art und Weise, zu sprechen und Fragen zu beantworten, muss geeignet sein, das Unternehmen gut repräsentieren zu können. Spezifische Kenntnisse von Fragen zur Personalpolitik, zu Karrierewegen und zu Entwicklungsmöglichkeiten können ebenfalls fehlen, wenn der betreffende Mitarbeiter neu im Unternehmen ist.

■ Personen, die zu lustig und locker sind.[103] Eine Verfahrensweise, die oft von älteren Menschen, die die Generation Y nicht kennen, initiiert wird, besteht darin, ein paar junge, spaßige Personen auszuwählen, die gut aussehen und den Eindruck vermitteln können, dass die Arbeit wirklich Spaß macht. Vorsicht – das könnte negative Auswirkungen haben! Die Generation Y schätzt es durchaus nicht, wenn Arbeitgeber versuchen, der Arbeit einen Anstrich von (vermeintlichem) Spaß zu geben. Spaß kommt nur von erlebter Freude in der Arbeit, und die Generation Y recherchiert fleißig nach Arbeitgebern, bevor sie sich um einen Job bewirbt. Die spaßigen jungen Mitarbeiter können auch einen unseriösen Eindruck vermitteln – die Generation Y zieht es vor, erfahrene und seriöse Mitarbeiter (die natürlich auch Spaß an der Arbeit vermitteln!) zu treffen.[104] Und schließlich geht es um eine von wenigen Gelegenheiten für den Arbeitgeber, eine oder zwei Stunden lang, das Unternehmen potenziellen Mitarbeitern zu präsentieren.

■ Zu langweilige Menschen. Dieser Punkt muss kaum erklärt werden. Ein paar Stunden über ein Thema zu sprechen, ohne Begeisterung zu wecken, vermittelt einen schlechten Eindruck von dem Unternehmen. Lieber keine Gastvorlesung als eine langweilige!

---

103 Vgl. 7.2. „Der Kommunikationsstil muss die Zielgruppe ansprechen". Es geht darum, Spaß zu vermitteln, ohne einen unseriösen Eindruck zu hinterlassen. Für Personen der Generation Y muss dies keinen Widerspruch bedeuten.

104 In Gastvorlesungen mit jungen und spaßigen Mitarbeitern von großen Unternehmen haben etwa zwei Drittel der Generation Y die Vorlesung als „unseriös" empfunden. Siehe auch Parment & Dyhre (2009).

Was vorstehend beschrieben wurde, gilt generell auch für andere Kontakte mit Studenten und potenziellen Mitarbeitern.

Checkliste

☑ Alle Kommunikationspunkte in Bezug auf Kunden und Mitarbeitern identifizieren – man kann ja nicht „nicht kommunizieren".

☑ Werden Nichtkunden und Nichtmitarbeiter auch als Informations-/Kommunikationskanäle gesehen?

☑ Wird das Potenzial der Mitarbeiter als effiziente und glaubwürdige Kommunikationskanäle der Arbeitgebermarke genutzt?

☑ Sind Informationen zum Unternehmen auf www.glassdoor.com oder ähnlichen Homepages verfügbar? Wie wäre das Unternehmen in solchen Foren dargestellt?

☑ Werden Ausdrucksweise und Sprache an die Kommunikation mit unterschiedlichen Zielgruppen angepasst?

☑ Wie sieht die interne Kommunikationsarbeit aus? Wird sie mit der externen Kommunikation abgestimmt und einheitlich ausgeführt?

☑ Spricht die Arbeitgebermarke sowohl auf einer emotionalen wie auch auf einer rationalen Ebene wichtige Zielgruppen an?

☑ Gibt es eine interne Koordination der verschiedenen Kommunikationsaktivitäten?

☑ Ist eine Strategie für das Employer Branding der Unterstützungsfunktionen vorhanden?

☑ Wie werden Personen für die Kommunikation mit Gymnasiasten und Studenten ausgewählt?

Handlungsempfehlungen

Die Kommunikationsstrategien von Grund auf definieren und kreieren – basierend auf den tatsächlichen Bedürfnissen. Viele Unternehmen zögern, neue Kommunikationskanäle zu nutzen. Ein noch größeres Problem kann aber sein, dass man die alten Kanäle nicht zu verlassen wagt. Es könnte teuer, unübersichtlich und komplex werden.

Mitarbeiter sind sehr wichtige Kommunikationskanäle. Sie können zu jeder Zeit befragt und gefragt werden – im Urlaub, bei der Familienfeier, auf einer Fähre zwischen Puttgarden und Rödby oder in einem Café in Paris – telefonisch, über E-Mail, in Facebook oder unter vier Augen. Die falschen Mitarbeiter können negative Bewertungen vornehmen und sie an Dritte vermitteln, obwohl die Realität nicht so schlimm wie beschrieben ist. Gute Mitarbeiter lügen nicht, haben aber grundsätzlich eine positive Einstellung zu ihren Arbeitgeber und können so die (hoffentlich überwiegend) positiven und die (hoffentlich nicht so vielen) negativen Erfahrungen ehrlich, ausgewogen und vorteilhaft präsentieren.

Möglichkeiten für präsumtive Mitarbeiter, Studenten etc. einrichten, Kontakte mit Mitarbeitern zu organisieren. Mit Personen, die mit ähnlichen Aufgaben befasst sind, wie man sie selber bearbeitet oder gern bearbeiten würde, statt mit der Personal- oder Informationsabteilung zu sprechen, macht einen lebendigeren und authentischeren Eindruck.

Seien Sie sich darüber im Klaren, dass Mitarbeiter nicht nur in alltäglichen sozialen Situationen – d. h. mit Verwandten, Freunden, Nachbarn etc. –, sondern auch auf Internetseiten über Missstände des Arbeitsplatzes berichten können. Auf der einen Seite könnten solche Berichte als sehr illoyal angesehen werden, auf der anderen Seite ist es rein psychologisch üblich, dass Unzufriedenheit irgendwie, irgendwo und irgendwann mit anderen geteilt wird. So war es eigentlich immer – es wurde aber vor dem Internet-Zeitalter nicht so offenkundig. Das beste Rezept, Probleme mit schlechten Mitarbeiter-Erlebnissen zu vermeiden, ist die Kreation eines attraktiven Unternehmens. Wenn obendrein durch gute Informations- und Kommunikationsstrategien eine attraktive Arbeitgebermarke durchgesetzt wird, können nicht einmal ein paar negative Mitarbeiter-Erlebnisse den guten Eindruck der Marke zerstören – starke Marken schaffen eine relativ stabile Grundlage an positiven Einstellungen und Assoziationen. Das Gegenteil gilt für schwache Marken.

Die richtigen und auf die Zielgruppe abgestimmten Personen im externen Marketing verwenden: Hier müssen die Strategien die interne Unternehmenspolitik und Kostenaspekte (junge Mitarbeiter sind „günstiger") überstehen – schließlich geht es darum, das Unternehmen in Konkurrenz mit anderen Unternehmen so gut wie möglich darzustellen.

Quellen- und Literaturverzeichnis

AAKER, D. A., 2007, *Strategic Market Management*, Hoboken, N. J.: John Wiley & Sons Inc.

AGGARWAL, P., 2004, „The Effects of Brand Relationships Norms on Consumer Attitudes and Behavior", *Journal of Consumer Research*, Vol. 31, June, S. 87-101.

ÅHLANDER, Å. C., 2004, „Generation Y – vägrar bli vuxen", *Sydsvenskan, Kropp & Själ*, 23. Januar

ANTHONY, R. N. & GOVINDARAJAN, V., 2004, Management Control Systems, 11th edition, Boston: McGoawttill.

AUTOBILD, 2007, „Wird der neue Fabia ein Gassenhauer? Vergleich vier kleine Stadtflitzer", Ausgabe 32, S. 18-23.

BARROW, S. & MOSLEY, R., 2005, *The Employer Brand. Bringing the Best of Brand Management to People at Work*, West Sussex: Wiley & Sons.

BBC, 2002, „Girl Power goes Mainstream", BBC News, 17. Januar.

BENCE, B., 2009, *How You Are Like Shampoo for Job Seekers: The Proven Personal Branding System to Help You Succeed in Any Interview and Secure the Job of Your Dream,* Global Insight Communications.

BIRKIGT, K., STADLER, M. M. UND FUNCK, H. J., 1992, *Corporate Identity, Grundlagen, Funktionen, Fallbeispiele*, Landsberg/Lech: Verlag Moderne Industrie.

BLOOM, P. N. & GREYSER, S.A., 1981, „The Maturing of Consumerism", *Harvard Business Review*, Nov.-Dez., S. 130-139.

BOXALL, P., MACKY, K. & RASMUSSEN, E., 2003, „Labour Turnover and Retention in New Zealand: The Causes and Consequences of Leaving and Staying with Employers", *Asia Pacific Journal of Human Resources,* Issue 41, S. 196-214.

BRANKE, D., 2005, „Die Technik von morgen", AutoBild, Ausgabe 25, 28. Juni.

BUDDENSIEG, T., ROGGE, H. & WHYTE, B., 1985, „Industriekultur. Peter Behrens and the AEG, 1907-1914", *Design Issues*, Vol. 2, No. 1, Spring, S. 90-93.

CHRISTENSEN, L. T., TORP, S. & FIRAT, A. F., 2006, „Integrated market communication and postmodernity: An odd couple?", *Corporate Communications: An International Journal*, Vol. 10, No. 2, S. 156-167.

DAY, G. S. & AAKER, D. A., 1997, „A Guide to Consumerism", *Marketing Management*, Springs, S. 44-48.

DECHERNATONY, L. & MCDONALD, M., 1998, *Creating Powerful Brands*, 2nd edition, Butterworth-Heinemann Ltd.

DEMAN, A. P., 1994, „1980, 1985, 1990: A Porter Exegesis", *Scandinavian Journal of Management*, Vol. 10, No. 4, S. 437-450.

DESSLER, G. 2001. *A Framework for Human Resource Management*, Prentice Hall, New Jersey.

DU GAY, P., 2000, „Markets and meanings: Re-imagining organisational life", in: Schultz, M., Hatch, M. J., Larsen, M.H. (red), *The Expressive Organization*, Oxford University Press, Oxford.

DYCHTWALD, K. & BAXTER, D., 2007, Capitalizing on the New Mature Workforce, *Public Personnel Management*, 2007, Vol. 36, Issue 4.

EMCC (EUROPEAN MONITORING CENTRE ON CHANGE), 2004, „Trends and drivers of change in the European automotive industry: Mapping report", *European Foundation for the Improvement of Living and Working Conditions*, Dublin.

FOURNIER, S., 1998, „Consumers and their Brands: Developing Relationship Theory in Consumer Research", *Journal of Consumer Research*, Vol. 24, March, S. 343-375.

FRANKFURTER ALLGEMEINE ZEITUNG, 2005, „Studie: Wikipedia kaum schlechter als Encyclopaedia Britannica", Feuilleton, 15. Dezember.

GREINER, P., 1992, *„ABB. Die Kunst, weltweit zuhause zu sein – CI für einen neuen Weltkonzern"*, in Birkigt, K., Stadler, M. M. & Funck, H.J., Corporate Identity, Grundlagen, Funktionen, Fallbeispiele, Landsberg/Lech: Verlag Moderne Industrie.

GUTHRIDGE, M. MCPHERSON, J. & WOLF, W., 2008, „Upgrading talent", *The McKinsey Quarterly*, December.

HATCH, M. J. & LARSEN, M. H. (EDS), 2000, *The Expressive Organization*, Oxford University Press, Oxford.

KADATZ, H. J., 1977, *Peter Behrens – Architekt, Maler, Grafiker und Formgestalter 1868-1940*, Leipzig.

KAPFERER, J.-N., 2008, *The New Strategic Brand Management, 4th revised edition*, London: Kogan Page.

KELLER, K. L., STERNTHAL, B. & TYBOUT, A., 2002, „Three Questions You Need to Ask About Your Brand", *Harvard Business Review*, Sep., S. 80-86.

KLEIN, N., 2002, *No Logo. Der Kampf der Global Players um Marktmacht. Ein Spiel mit vielen Verlierern und wenigen Gewinnern*, Riemann, München.

LINDGREN, M., LUTHI, B. & FÜRTH, T., 2005, *The MeWe Generation. What Business and Politics Must Know About the Next Generation*, Bookhouse Publishing.

LYTTKENS, L., 1991, *Uppbrottet från lagom. En essä om hur Sverige motvilligt tar sig in I framtiden*, Akademeja.

LYTTKENS, L., 1994, *Arbetet som lyx. En essä om det post-materiella arbetet med anledning av Ingenjörsvetenskapsakademiens projekt Tekniken och det framtida arbetet*, Ingenjörsvetenskapsakademien.

MAIER, H.-D., 1992, „Corporate Identity und Marketing-Identität", i Birkigt, K., Stadler, M. M. & Funck, H. J., *Corporate Identity. Grundlagen, Funktionen, Fallbeispiele*, Landsberg/Lech: Verlag Moderne Industrie.

MALORNY, C. & HUMMEL, T., 2002, *Total Quality Management, Tipps für die Einführung,* Hanser, München.

MERCHANT, K. & VAN DER STEDE, W., 2007, *Management Control Systems: Performance Measurement, Evaluation and Incentives, Second Edition*, Prentice Hall.

MOBRAY, K., 2009, *The 10ks of Personal Branding: Create a Better You*, Iuniverse.com

MUNIZ, A. M., JR & O'GUINN, T. C., 2001, „Brand Community", *Journal of Consumer Research*, Vol. 27, March, S. 412-432.

OLINS, W., 2000, „How brands are taking over the corporation", in: Schultz, M., Hatch, M. J., Larsen, M. H. (red), *The Expressive Organization*, Oxford University Press, Oxford.

PARMENT, A. & DYHRE, A., 2009, *Sustainable Employer Branding. Guidelines, Worktools and Best Practices*, Liber/Copenhagen Business School Press.

PARMENT, A., 2006, *Distributionsstrategier. Kritiska val på konkurrensintensiva marknader [Vertriebsstrategien. Kritische Entscheidungen auf wettbewerbsintensive Verbrauchermärkte]*, Liber, Kopenhagen.

PARMENT, A., 2008b, „Erwartungen der Generation Y an den Arbeitgeber", *Oscar Trends*, Nr. 2, S. 47-55.

PARMENT, A., 2008c, *Marknadsför till 55 plus [Marketing für 55 plus]*, Liber, Malmö.

PETKOVIC, M., 2008, *Employer Branding. Ein markenpolitischer Ansatz zur Schaffung von Präferenzen bei der Arbeitgeberwahl*, Hochschulschriften zum Personalwesen, Rainer Hampp Verlag, Mering.

PINE, B. J. & GILMORE, J. H., 1999, *The Experience Economy. Work is Theatre and Every Business a Stage*, Harvard Business School Press.

PINK, D., 2002, *Free Agent Nation: The Future of Working for Yourself*, Warner Books.

PORTER, M. E., 1980, *Competitive Strategy: Techniques for Analyzing Industries and Competitors*, New York: Free Press.

PORTER, M. E., 1985, *Competitive Advantage: Creating and Sustaining Superior Performance*, New York: Free Press.

PORTER, M. E., 1990, *Competitive Advantage of Nations*, New York: Free Press.

ROSE, M., 1994, *Job satisfactions and skills*, in: Penn, R., Rose, M. & Rubery, J. (red) Skill and occupational change, pp.244-280. Oxford: Oxford University Press.

ROTHBERG, D., 2006, „Generation Y for Dummies", *IT Management*, eWeek.com, 24. August.

SALZER, M., 1994, *Identity Across Borders*, Doctoral Dissertation, Linköping University.

SALZER-MÖRLING, M. & STRANNEGÅRD, L., 2004, „Silence of the Brands", *European Journal of Marketing*, Vol. 38, Nr. 1/2, S. 224-238.

SCHERER, B., 1992, „Ikea. Eine Idee fällt auf fruchtbaren Boden – Deutsche Wohnkultur aufgemöbelt mit Licht, Luft und Leichtigkeit", in Birkigt, K., Stadler, M. M. & Funck, H. J., *Corporate Identity, Grundlagen, Funktionen, Fallbeispiele*, Landsberg/Lech: Verlag Moderne Industrie.

SCHOLZ, C., 2000, *Personalmanagement, Informationsorientierte und verhaltenstheoretische Grundlagen, fünfte Edition*, Verlag Vahlen, Vahlens Handbücher der Wirtschafts- und Sozialwissenschaften, München.

SISSON K, 2001, „Human resource management and the personnel function" in Storey, J., *Human Resources Management: A Critical Text*, 2nd edition, Thomson Learning, 2001, S. 78-95.

STANIK, C., 2009, *Erfolgreich studieren, Definition des Personalmanagements – PGM,* www.allesgelingt.de, 3. März.

STRAUSS, G., 2001, „HRM in the USA: correcting some British impressions", *The International Journal of Human Resource Management*, Vol. 12., No. 6, S. 873-897.

SUTHERLAND, J. & CANWELL, D., 2004, *Key concepts in human resources management*, Basingstoke Hampshire: Palgrave Macmillan.

SZITA, J., 2007, „Work: the next generation. Jobs as we know them are disappearing. That's not necessarily a bad thing", *Holland Herald*, June. S. 26-29.

TULGAN, B. & MARTIN, C. A., 2001, *Managing Generation Y. Global Citizens Born in the Late Seventies and Early Eighties*, Harvard Business School Press.

URDE, M., 1997, *Märkesorientering*, Lund University Press.

WARE, B. L., 2008, „Retaining top talent", *Leadership Excellence*, January, Vol. 25, Issue 1.

Stichwortverzeichnis

Der Autor

Dr. Anders Parment
studierte in Schweden Volkswirtschaftslehre an der Universität Lund und Betriebswirtschaftslehre an der Universität Linköping, wo er im Jahr 2005 promoviert wurde. Heute ist er wissenschaftlicher Mitarbeiter an der Universität Stockholm, School of Business, mit Forschungsschwerpunkt Marketing. Zudem ist er selbstständiger Unternehmensberater und betreibt seit 1999 eine eigene Firma Anders Parment  Consulting mit dem Schwerpunkt Strategieberatung in den Bereichen Consumer Behaviour, Marktkommunikation, Generationswechsel und Employer Branding. Aktuell koordiniert er ein Projekt des Employer Brandings sowie ein Projekt zum Thema Automobilkauf in der Zukunft, eine Fortsetzung seiner in Deutschland, Großbritannien, Spanien, Australien und Schweden durchgeführten Doktorarbeit des Automobilvertriebs.

Kontakt

Dr. Anders Parment,
Stockholm School of Business, Universität Stockholm,
S-106 91 Stockholm.
Tel. +46 705 130363,
E-Mail: info@andersparment.com
Homepage: www.andersparment.com

Mitarbeiter erfolgreich führen

So motivieren, delegieren und kritisieren Sie mit Erfolg

In kurz lesbaren Abschnitten vermittelt das Buch solide Fertigkeiten im Motivieren, Delegieren und Kritisieren. Es liefert hilfreiches Wissen, um die Leistungsfähigkeit und -bereitschaft der Mitarbeiter mit der richtigen Führungspraxis nachhaltig zu entfalten sowie sich selbst und andere zu motivieren. Der Autor bietet zudem Lösungen für schwierige Führungssituationen und Praxiserprobtes zum Mitarbeitergespräch, das auch Problemfelder wie Kontrolle und Kritik eingängig erschließt.

Matthias Dahms
Motivieren – Delegieren – Kritisieren
Die Erfolgsfaktoren
der Führungskraft
2008. 176 S. Br.
EUR 29,90
ISBN 978-3-8349-0758-5

25 Bausteine für eine gesunde Autorität

Wer sich als Führungskraft wünscht, an Souveränität, Durchsetzungskraft und persönlicher Stärke zu gewinnen, für den ist dieses Buch geschrieben. Es zeigt, wie es gelingt, eine positive Autorität aufzubauen, durch natürliches Charisma zu überzeugen und Ziele erfolgreich umzusetzen. Ein radikales Buch, das zum Führen ermutigt. Mit vielen wahren Beispielen.

Winfried Prost
Führen mit Autorität und Charisma
Als Chef souverän handeln
2008. 256 S.
Geb. EUR 32,90
ISBN 978-3-8349-0551-2

Worauf es beim Führen wirklich ankommt

Was zeichnet gute Führung aus? Welche Führungsansätze sind wichtig und praxisnah? Daniel F. Pinnow, Geschäftsführer der renommierten Akademie für Führungskräfte, zeigt in diesem Kompendium, worauf es wirklich ankommt.

Daniel F. Pinnow
Führen
Worauf es wirklich ankommt
3. Aufl. 2008. 321 S.
Geb. EUR 39,90
ISBN 978-3-8349-0766-0

Änderungen vorbehalten. Stand: Februar 2009.
Erhältlich im Buchhandel oder beim Verlag.
Gabler Verlag · Abraham-Lincoln-Str. 46 · 65189 Wiesbaden · www.gabler.de

GABLER